U0422984

别瞎忙了！告别忙碌而低效的人生

［美］爱丽丝·博伊斯（Alice Boyes） 著
殷树喜 译

没有一个放之四海而皆准的生产力提升指南。对同事有效的招数对你来说可能不那么有效。这本书并不是教你一步步按照那些效率大师宣扬的步骤，把自己变成贝索斯或马斯克那样的工作狂人。实际上你也很难做到，一旦你发现自己完成不了那些步骤，反而会陷入深深的自我怀疑。

本书的一个核心观点是，与你工作的效率相比，你选择做什么更能影响你取得的成就。可以预见，重要的事通常会更难解决。同时，本书还将结合心理学原理为你量身打造一套强大的个性化生产力提升系统。它不会逼迫你，不会让你感到压力重重，反而能帮助你获得更多的自由，将更多的时间和精力花在对你最有意义的事情上。

图书在版编目（CIP）数据

别瞎忙了！：告别忙碌而低效的人生 /（美）爱丽丝・博伊斯（Alice Boyes）著；殷树喜译. -- 北京：机械工业出版社，2024. 12. -- ISBN 978-7-111-77479-2

Ⅰ. B848.4-49

中国国家版本馆CIP数据核字第2025MN3001号

机械工业出版社（北京市百万庄大街22号　邮政编码100037）

策划编辑：侯春鹏　　责任编辑：侯春鹏

责任校对：王荣庆　李　杉　　责任印制：刘　媛

涿州市京南印刷厂印刷

2025年5月第1版第1次印刷

148mm × 210mm・9.25印张・1插页・190千字

标准书号：ISBN 978-7-111-77479-2

定价：68.00元

电话服务
客服电话：010-88361066
　　　　　010-88379833
　　　　　010-68326294

网络服务
机　工　官　网：www. cmpbook. com
机　工　官　博：weibo. com/cmp1952
金　　书　　网：www. golden-book. com
机工教育服务网：www. cmpedu. com

封底无防伪标均为盗版

目录

第一部分　自我内省

第二部分　效率与习惯系统

第一部分

自我内省

别瞎忙了！
告别忙碌而低效的人生

第 1 章 你是解决方案，而不是问题所在

美国音乐剧《汉密尔顿》标新立异，红极一时。你可能听说过，林-曼努尔·米兰达是如何想到创作此作品的。为了寻找灵感，他急需放松。在海滩度假时，他读了一本关于亚历山大·汉密尔顿的书。突然之间，创作该音乐剧的想法诞生了。

人们通常用这个故事来说明休息对创造力的重要性。这是一个很好的例子。在不那么紧张的时候，我们的大脑更擅长解决问题，并产生深刻的见解和想法。[1]

但我们从这个故事中可以学到的，绝不仅仅是“我们要休假”。从心理学上讲，该表象之下有很多意涵。

提升工作效率的诸多建议强调，我们应该专注和不分心。但专注并不是伟大的事情得以完成的全部因素。出色的工作往往是在专注和放任思绪遐想之间交替而完成的。它是通过在遵守纪律和偏离正题之间切换而发生的。为了以最好的状态投入工作，我们有时必须要允许自己分神。

当专家们解释分心走神对提升工作效率有多么严重的影

响时，他们常常没有提及的是，要发挥走神的潜力需要多大的勇气。现代的工作效率文化告诉我们，全神贯注和严格的工作习惯是安全成规。但为了让你的工作效率最高，你需要花些时间来分心走神。这其实挺难。为什么呢？因为要做到这一点，你必须相信自己。你需要相信，有时你的思绪会游荡到某个有趣且深邃的地方。你需要心理工具，以此来容忍好点子何时、如何以及是否会出现的不确定性。而且你需要克服内疚和随之而来的心理不安——那就是觉得你正在做的事情是在浪费时间，而浪费时间是不好的。这些就是你将在本书中学到的一些认知与情感技能。

人们在不习惯尝试创新或创造时常常会担心，觉得如果任由自己的思绪随机游走或偏离正题，将会一无所获。如果你和我一样，那就不会像林-曼努尔·米兰达那样在假期里读一本长达800页的传记。你可能也想知道，言情小说或奈飞犯罪剧是否真的会激发创新或创造力。嗨，这都没啥问题。能激发创造力，从而产生出色作品的不仅仅是崇高的兴趣。让自己受到流行文化的影响也可以做到这一点。美剧金牌制作人珊达·莱梅斯就证明了这一点。以她非常受欢迎的美剧《布里奇顿》为例，剧中布里奇顿家族的创作便是受到了卡戴珊家族的灵感启发。[2]灵感可以通过大大小小的方式产生。

我可以明确告诉你，你不必像林-曼努尔·米兰达或珊达·莱梅斯那样是一个创造性的天才，也不需要在典型的创意领域工作才能从这一切中受益。同样的基本心理过程普遍适用于每个人，包括你。

人们通常认为，工作效率和创造力是分开的。但这种观念是有害的。人们可能认为，我们需要创造力来产生点子，然后需要毅力、专注和好习惯来付诸实践。但是事情没有那么简单。实际上，二者更像是迭代循环的关系。创造力和工作效率不是分开或对立的。它们交织在一起。几乎任何值得做的事情都需要创造力。工作效率来自创造力，但不仅仅来自创造力。创造力并不总是意味着你需要有从未有人想到过的点子。当你第一次和某个点子碰撞出火花，这种个人创造力将帮助你搬走阻碍工作效率的绊脚石。

林－曼努尔·米兰达有一种直觉，他知道什么时候自己需要去海滩度假和看书。你也可以培养这样的自知之明。我会帮助你获得高效和专注的技能，以及释放你的创造潜力的技能。我将帮助你了解自己的效率规律，以便你可以在这些技能组合之间自如切换。（如果你也希望获得克服拖延的技巧，是的，这些技巧都包括在内。）

最棒的生产力工具就是你自己，哪怕你还没有意识到这一点。在多个领域内浅尝辄止很难产生卓越的成果。你最具创新性的工作来自于通过熟悉的透镜看陌生的事物，或者通过陌生的透镜看熟悉的事物。林－曼努尔·米兰达的透镜是他的音乐剧创作经验。他将自己已有的经验、专业知识以及他的文化背景带入《汉密尔顿》之中，聚焦一个他感兴趣但缺乏专业知识的领域：美国开国元勋传记。

我们并不能强行制造奇迹。但是，如果你不保持开放心态，或者当你不打算进行创新工作时，奇迹也不会发生。如何让你的思维富有成效地漫游，这是一门艺术，也是一门科学，我将引导你成就这两者。你也许认为，带20本书去海滩上尝试灵光一现，或者与团队聚在一起在白板上头脑风暴，可能不是最有成效的行动方案。这样的想法似乎很荒诞。你需要具备专注和高效工作的技能，但也要忍受低效率和“低效时间”所带来的挫败感。这是一种令人不快的感觉。有时人们为此苦苦挣扎。人类喜欢确定性。但我们没有一个确切的公式。我会帮助你做到的是，学习所有这些技能，并将它们组合成你自己的工具箱。随着你不断成长，生活不断发生变化，它们也会发展和壮大。这就是你实现无压超效率的方法。

你的弱点是解决方案的一部分，而不是问题所在

我还记得20世纪八九十年代时，女嘉宾在上脱口秀节目前“改头换面”的过程。美发、化妆、换上舞台服装，为的是让女嘉宾更接近当时脸谱化的刻板女性美标准。

这本书不是这样的。我无意为你提供工具，或者是那些让你更接近高手如何行事和思考的刻板规范。我的目标不是帮助你成为埃隆·马斯克、杰夫·贝索斯这样的高效超人偶像。我也不会指导你效仿任何过世已久的白人精英，他们永远被认为是富于远见的典型代表（牛顿、爱迪生等，你知道我的意思）。

其他书籍可能承诺说：如果你遵循它们“简单”的步骤，就会成为业界翘楚。但通常情况下，人们很难遵循这些步骤，无论它们看起来有多么简单。如果你未能遵守提高工作效率的标准化建议，你可能会得出结论，认为你的性格或

意志力有问题。但是，我在这里要告诉你，你并不是问题所在。你，以及你所有的怪癖和“缺陷”，就是解决方案。最有创意的解决方案往往诞生在约束之下。在这里，你的性格、技能、弱点和环境都是制约因素。

当你学会因势利导地运用制约因素时，自我提升堪称是一门轻松愉悦的艺术。你会找到自我发现和自我表达的乐趣，而不再囿于一个旨在消除所有不完美的筋疲力尽、永无止境的过程之中。

我们不会让自己去适应别人提升工作效率的模式，而是会尝试一种不同的方式。怎么做呢？我将帮助你找到你内在的专家，来帮你创造、产出和成功。

我的专业资质

我是一名心理学博士。在我职业生涯的早期，我是一名临床心理学家，帮助有焦虑和抑郁等问题的人。这项工作涉及教人如何克服拖延、回避、完美主义、忧虑和无法释怀。这些客户在做事效率方面有着最严重的麻烦。然而，抑郁症或焦虑症并不仅仅是他们身上的一个诊断标签。他们是活生生的人，每个人都有自己的梦想、目标，独特的个性、优势、劣势、偏好和责任。因此，任何治疗方案都是针对个体量身定制的。

除了当心理治疗师，我还开博客、为杂志撰写文章，介绍临床医学中使用的技术和工具如何用于解决日常问题。成功之后，我转行从事写作。很明显，作为一名作家，我的影响力要比一对一辅导大得多。

大多数提高工作效率的书籍都针对你的行为（例如习惯）或思维，倾向于专注于其中之一。这些书基于心理学研究，通常从心理学的一个狭窄领域获取知识，并将其拓展为人们可以用来变得更加自律的技巧。

本书可不是这样。我将借鉴心理学研究的许多领域，帮助你理解你的思想、行为和情绪是如何相互作用的。许多关于工作效率的书籍似乎将情绪视为一种麻烦，并试图帮助你学会忽视情绪。我将向你说明，所有情绪都能以各自的方式来提高工作效率。你的人性，就像你的情绪或分心走神一样，不会对你的工作效率构成威胁。如果你了解人性的这些方面，那么它们就可以帮助你提升工作效率。我会帮助你做到这一点。

我们将会采用的方法

你的一些最原始的想法可能就是帮你解决工作效率问题的答案。借助于一些帮助，你会发明出一些解决方案，它们将比我填鸭式灌输给你的任何建议都有效得多（而且你以前可能已经听过这类建议了）。

我们的目标不是复制高效工作的模型。你将创建自己的范式。你是最了解自己愿意做什么和不愿意做什么的人。你知道什么是对你最重要的效率目标。我们将利用这种自知之明，创建你自己的高效范式。

我们的最终目标是揭示你如何成为（a）最以成长为导向，（b）最富有成效和效率，以及（c）最有创造力和远见的自己。（我所说的创造力，指的是有新意和洞见，而不仅限于艺术创作。）当你结合这些力量时，就会取得更大的成功。你将随心所欲，可以将时间和精力用在对你最有意义的事情上。

我们关注这三方面，因为：

- 不以成长为导向，你就很容易被任何困难拖延。
- 如果你有创造力，但找不到可以重复利用的成功、高效的流程，你将无法在工作中随心所欲。
- 另一方面，如果你善于执行，富有条理，但你走的路很窄，你的成就会很有限。为了获得最佳绩效，你需要刻意专注于创造和创新。

我如何界定生产力

此书探讨的生产力是广义上的，指的是做好对你来说最有影响力、最有意义的工作，而不仅仅是完成任务。

个人生产力就是通过利用你是谁、你知道什么以及你认识谁，来做最有意义的工作。[3]这是我最喜欢的生产力定义。

生产力通常被定义为以相同的投入产生更多的产出（而效率是以更少的投入实现同样的产出）。[4]我对生产力的定义是对这个经典定义的变体。你是谁，你知道什么，你认识谁，这些要素都是投入。

成功不仅仅在于更加专注

无论你多么强烈地抵御分心，也无论你多么成功地做到了不经常查看电子邮件，如果你没有在做有意义的事情，那你就没有生产力。你在关注什么，这很重要。你永远不能保证你的工作会产生巨大的影响，但你至少可以做具有这种潜力的事情。我们应该考虑广义的影响。如果你的这项工作能够给生活带来积极影响，那么这项工作就很重要。例如，创建一笔自动收入的现金流对你来说可能意义非凡，即使它只会改变你的世界。

更具成效的工作可能涉及对长期项目的不懈努力。它也可能是尝试一些新事物，例如重新构建你完成核心任务的方法、学习一项小技能、测试一个假设或探索一种新的伙伴关系。从表面上看，以一种会产生更大影响的方式工作，可能看起来与你现在所做的事情没有什么不同，但其实是更富有勇气的大胆尝试。

时间管理和习惯只是提高生产力的一小部分。我说这话可能会让你大吃一惊。下面我就详细解释。

我为什么说持续性的日常习惯被高估了

人们认为，以强大、高效的习惯来充实自己的一天，就会自然而然地加速他们的成功。但你可能不想完全围绕习惯来制定你的生产力提升策略。让我们看看养成良好习惯的好处和代价。

好处：生产力取决于专注你能做的最有价值的工作，并坚持解决具有挑战性的问题。在同一时间和地点、以相同方式努力工作，使之成为习惯，这确实可以减少坚持下去的难度。你需要更少的自制力来坚持你一贯的行为。这一点无须争论，有很好的研究证据支持此观点。[5]习惯也有助于减少不必要的决策疲劳。小习惯的影响会累积，最终会在未来带来丰厚回报。[6]持续如一的行为习惯（工作、锻炼、社交）为我们的生活提供了结构，并帮助我们调节生理机能（睡眠、饮食和情绪）。这些优点可以使习惯成为完成困难任务的强大工具。

代价：如果过于拘泥于习惯，就会降低你获得新奇体验的频率。而新奇体验是创造力所必需的。更重要的是，太多僵化、耗时的习惯会让你感到压力。它不能有效地确定优先次序，而且让你感觉到你的生活在一片模糊中匆匆流逝。这种单调的方法很容易让人筋疲力尽，并且讨厌你正在做的事情。

当你富有生产力时，你会经历惊人的成长。这意味着，在一段时间内一贯颇有成效的日常习惯很可能在某个时候变得不合时宜。它们在那一刻已不再是你利用时间的最佳方式。如此一来，继续坚持习惯就没有意义了。

最关键的是：人们在多大程度上固守习惯，还是更享受一定的自由度，这取决于个人性情。[7]这是你个性的一部分，比如你是早起的人、夜猫子，还是介于两者之间。有些人做事需要一成不变地依靠常规，但有些人则不太需要也不想要这么做。

这并不是说习惯不重要。习惯很重要，但并非一切。我们很容易得出结论说，如果某件事是好的，那么多多益善。事实并非如此。如果我们每天有大约40%到50%的工作时间用于习惯性行为，[8]那就是合适的尺度。

如果你不想成为一个完美的自律机器人，那很正常。被迫养成极端一致的习惯实际上会妨害心理健康。如果你跳过日常程式或无法遵循某种习惯就会感到苦恼，那恰恰是某种心理疾病的标志，例如神经性厌食症或强迫症。提高生产力的愉快途径是变得更人性化，而不是更机械化或更受习惯约束。

“浪费时间”为啥不是坏事

我已经解释了固守习惯的一些缺点。那我再说说我不鼓励严格的时间管理的原因。与流行的看法相反，如果你过分专注于最大化利用你所有的时间，你会遇到一些令人讨厌的副作用。

第一，你必须要知道，成功并不是富有效率地去做任何事情。巨大的成功往往源于一开始感觉像是在浪费时间的行为。当你学习一项新的技能或手艺，或者开始在某件事上投入时间时，几乎很难看到立竿见影的效果。通常要等到很久以后，你才会体验到丰厚的回报。创造性和远见性的洞察力和发明往往来自于偏离看似最有效的路径。

第二，专注于优化你所有的时间会让你很痛苦。降低幸福感不应是高效率的代价。当你计算每一秒时，你会讨厌分神，并对任何浪费的时间感到不安。你无法控制的事件会让你感到压力。如果你花了两个小时纠正别人的错误，或者你的孩子生病了，你会感到非常沮丧。

第三，过分注重时间管理对人际关系不利。其他人不会完全依照你的优先事项和日程安排，这将不可避免地导致更多的挫败感。

第四，在符合优先级的情况下，拥有低效率做事的时间是生活中一大奢侈品。你可能希望自己来抚育孩子和做饭，或者自己学习修理某件东西，即使这件东西可以很便宜地替换掉。能有时间做这些事是令人欣慰的，即使做这些事可能效率低下。

第五，在效率和灵活性（能够灵活应对不断变化的环境）之间往往需要权衡取舍。例如，始终与同一个合作者一起工作可能颇有效率，但依赖于一种关系则使你丧失灵活性。[9]对效率的追求可能会导致你把所有的鸡蛋放在一个篮子里，这是缺乏灵活性的表现。

第六，那些以传统高效的方式不断努力前进的人可能会在他们的思维中有很大的盲区。聪明人需要退后一步，从更广阔的角度审视他们的想法。如果他们只是埋头苦干而从不反省，当这些做法无意中伤害到人们、失去了人们的支持或产生其他意想不到的后果时，他们不会察觉。

第七，那些不能容忍浪费时间的人可能会陷入持续追求改进的怪圈，试图变得更好或更快。如果你就是这样的人，你可能会错失通过采取不同寻常的方法实现目标的机会。

时间管理策略，如时间表（安排一天中每个小时要做的事情），可能很有用。但如果你走火入魔，试图毫厘不差地应用它，则会适得其反。

我想实现超高效率。这本书能帮我吗?

本书旨在提供一种更友善、更温和的提升效率的方法。它假设，做有影响力的工作对你更重要。这和超高效人士的目标并不冲突。我也不期望你像奥运会选手对待他们的职业一样对待你的工作。不是每个人都想成为独角兽公司的创始人，或成为百万分之一的精英。但如果你确有这等雄心壮志，这本书中有很多适合你的东西。如果那不是你的目标，那么本书中也有很多适合你的内容。

本书的结构

本书分为三个部分。每个部分都提供了一套重要的工具，来提高你的工作效率。

第一部分：自我内省

这本书的前三分之一部分帮助你了解自己。它使你更好地观察自己。就提升效率而言，自我内省是你最重要的工具，而你尚未充分利用它。

你能从专家、大师甚至科学研究中学到很多东西。通过观察自己，你同样也能受益良多。我会教你许多基于行为科学的技巧，但最好将这些技巧与你的自我内省相结合。当你成为自我内省的专家时，你无疑会体验到科学尚未达到的洞察力！

这些年，行为科学理论一直在发展。例如，一些想法在我学生时代受到怀疑，而现在得到了更好的科学支持。我们近年来看到的一个结构性变化是，现代心理学承认了各种精神或身体状态的益处。负面情绪并非毫无意义。有充分证据表明，当我们感到疲倦、悲伤或愤怒时，我们的某些思维过程会有所改善。[10]

因为心理学并不完美，所以我们务必要学会自己观察和思考。如果你这样做了，你将学会识别传统智慧对你而言何时有益、何时无用。例如，只有全神贯注才能做出出色工作，这一观点并不完全符合我的经验。拥有保持专注的技能，这确实很重要。然而，我发现“分心休息”有助于让自己精神焕发。当我在写作中注意力不集中时，我经常会自我打断。我会阅读博客文章，或查看电子邮件。在我回到正在做的事情时，我可以用大局观来审视我的工作。有了新的视角，我在写作中更容易调动思路来让行文更流畅，或减少重复的信息。

一项研究表明，任务切换可以提高创造力。[11]这与传统智慧背道而驰。人们通常强调任务切换的危害。但如果你仔细研究自己，你会发现更多超越普遍观念的微妙之处。

只有在不分心的情况下才能完成出色的工作。这一观点也与现实有异。某些心理学概念似乎是为一些异能人士而存在的。当你的孩子想吃个三明治，或你的同事需要开会时，你不可能几个小时保持专心致志。

你很容易相信，如果你能遵循传统智慧，并始终如一地坚持下去，你就会取得你想要的成功。这很省事。高效似乎在我们的掌控之中。每当我们准备好按下那个开关时，我们就会茁壮成长。但这并不是真实情况，因为传统智慧有太多的缺陷、局限和矛盾。所以，努力了解自己，并将所学付诸实践异常重要。

第二部分：效率与习惯系统

本书的第二部分探讨有效和高效的工作。

如果你目前在生活和工作中疲于应对，我建议你先阅读本书的第二部分。第二部分充满了实用技巧。与本书的其余部分相比，这些技巧不太需要自我反省和大局思考。对我来说，本书的第二部分是阶梯上最低的一级，但它提供最即时的回报。如果这是你现在需要的（或者你勉强能做到的），那就先读第二部分。

我希望到本书结束时，你最终会受到鼓舞，变得更有创造力和远见，而不是仅仅变得更有效率。然而，这两者之间的潜在联系有时被低估了。那就试着这么做吧：追求提高效率，如果这能提升你的创造力和创新性，而不是为了完成更多的任务。你将在第二部分中学习如何做到这一点。

如果（基于你从本书第二部分学到的工具）你创建了可以反复利用的成功流程，你的回报将是摆脱与你的基本需求相关的压力，比如赚钱或完成你的最低工作指标。将工作流程的某些方面自动化或外包，这不是值得顶礼膜拜的神来之笔。尽管如此，你可以使用一些策略来获取一些舒适的体验感。

对各种想法进行曲折探索，这对于创造力至关重要。如果你要处理许多紧急任务，你将不能集中精力进行这种探索。但是，如果你创建简化的系统来确定优先次序和做出其他选择，你将减少决策疲劳，从而保持创造力所需的能量。

建立有效、高效、可重复的流程，这本身就是一项创造性的工作。创造性地解决问题可以使头脑敏锐。你可以训练自己去研究多条潜在路径。解决简单问题的方法论同样可以帮你解决更复杂的难题。

有效和高效也对你的社交有助益。如果你井井有条，且易于打交道，那其他聪明人会愿意与你共事。当你有了一定的坚实成就时，你的可信度就会提高。这会让你接触到更高层次的合作伙伴。与更聪明、更有经验的人一起工作，可以让你变得更有创造力和远见。

最后，没有人可以一直进行新颖、有创意、有远见的思考。即使最聪慧的人，他们的才思也会潮起潮落。没有人会一直处于巅峰状态。手头有一些你可以轻松做到的简单、熟悉的工作，会让你感到心里踏实。将生活中所有重复性的事情外包出去，并不那么有趣或富有成效。为什么呢？在太多和太少的熟悉任务之间有一个最佳平衡点。如果你有太多的熟悉任务，你将没有时间或精力去寻求新的挑战。但是请不要忽视另一方面：简单的任务可以帮助你保持前进的动力。熟悉的、要求不高的任务可以让你在缺乏创意时更有韧性。在你缺乏创造性的时候，它们可以避免你陷入抑郁或焦虑。

与第一部分一样，第二部分的重点不在一般性概念上。相反，我们将专注于如何发展自己的专业技能。我们将利用你内在的能力来提升你的洞察力，助你成长。你会找到现实可行的方法来变得有效和高效。这将发挥你的优势。你会感到这很有意义，并尽情发挥你独特的个性。

每个人都需要一些技能来提高效率。但是，如果你认为效率和纪律就是达至生产力的方案，那就大错特错了。你应该将这些视为工具箱中相对次要的工具。创新更为重要，且与众不同。过度关注效率（和纪律）会干扰这一点。这也可能表明，你正试图通过做大量的工作来弥补创新性的不足。

争取完成大量中等质量的工作，这可能是提高效率的一种途径，但并不是一条回报丰厚的途径。本书的第三部分提供了另一种选择。

第三部分：如何更具创造力和远见

本书的第三部分是我们在前面两个部分中一直在构建的内容。它包括提高创造性思维的具体策略。

创造力与生产力有什么关系？创造力为创新提供了基石。当然，你可以专注于让马和马车跑得更快。或者你可以发明汽车。哪个效率更高？事实上，你不需要做这等宏业，也能进行创新。即使对于那些具有一般创造力的人来说，也有很多机会变得更具创新性，但你必须优先考虑创新，而不是工作量或速度（至少在某些时候）。

大多数人都故步自封，不考虑他们是否正在做他们能做到的最有意义、最有创造力的工作。例如，多年来一直在同一街区巡逻的细心警察可能对如何帮助他们的社区有很好的点子。如果他们将自己局限于分发罚单和传票的角色，那就不会想出这些金点子。

你可能不认为自己具有创造力或远见。这大错特错。要成为最具创新精神的自己，你需要将各种想法联系起来，积累深厚的知识，欣赏自己的长处，拥有开放的心态和勇气，以便让你最好的点子浮现出来。

你应该努力变得更有创造力和远见。这背后有很多原因。它们大多很明显，但让我们快速了解一下。

创造性/有远见的思维比执行既定流程更难，但也更能让你脱颖而出。如果你是一个富有创造力和洞察力的问题解决者，你在任何工作场所都会变得更有价值，无论你是雇员、企业家，还是在家带孩子的父母。

富有创造力会让你有机会去做对你最有意义的事情。如果你富有创造力和远见，则无须随波逐流，你可以让你的生活更加个性化，你可以用你喜欢的方式做你想做的事情。这不仅适用于日常工作，也适用于你的职业轨迹。你无须遵循传统路径。你不会局限于“我所在领域的成功看起来是这样的”“这是我的教育背景/学位/经验，所以这是我唯一能做的工作”这样的想法。

创造性和远见卓识的思维帮助管理压力和焦虑。当你能创造性地思考时，你就更能承受挫折和焦虑。当你相信自己的创造力时，你就不会那么害怕了。你会更能容忍不确定性，你可以相信自己能够为新出现的问题提出创造性的解决方案。

论述效率的著述经常会说，缺乏纪律导致停滞，而这就是阻止你发挥潜力的原因。

但让我们换个角度来看。大多数人在职场勤勉劳作，对吗？他们尽职工作，不管他们是否喜欢做这份工作。你醒着的时候，有一半时间要上班。你回复电子邮件、支付账单、报税。你喂养、抚育、爱护你的子女。如果你做到了这些，你的自律就已经很了不起了。

即使是小孩子也擅长延迟满足。在21世纪10年代初期，科学家们重复了著名的棉花糖实验。在这个实验中，孩子们可以选择立即吃一颗棉花糖，也可以等着吃两颗。将近60%

的四岁儿童在十分钟内都选择不吃掉棉花糖。甚至父母也低估了孩子延迟满足的能力。这些结果与过去相比如何？在20世纪60年代，在最初的研究中，只有大约30%的孩子能坚持住，选择不立刻吃掉棉花糖。[12]这与技术的使用正在削弱我们意志力的观点并不完全一致。

近年来，研究人员发现了棉花糖实验的一个有趣转变。如果孩子家里有兑现诺言的成年人，他们通常会“通过”棉花糖测试。有些孩子狼吞虎咽吃掉棉花糖，更有可能是因为他们的父母经常不遵守诺言。从这个角度来看，这些孩子立刻吃掉棉花糖的决定是对环境的适应。

与所有这些惊人的自律相比，大量人说，他们很少或根本没有时间尝试在工作中发挥创造力和创新性。可以说，我们在这方面比自律做得更差。（至少我们中60%的人在四岁时就成功通过了棉花糖测试。）因为许多人很少投入精力去创造和创新（在他们的生活方式和更广泛的意义上），但这样做就有可能产生巨大的收益，并将帮助你从事你引以为豪的工作，并享受更高的生活质量。

当你进行创造性探索时，通常会感觉像是在低效地利用你的时间。在执行具有已知收益的熟悉过程和探索具有不确定回报的新过程之间做出选择时，我们常常感到紧张。人们有时甚至将发挥他们创造力的行为视为浪费时间。例如，我喜欢观看YouTube视频。这很有趣。但我不只是为了好玩而看。体验他人的创造力也激发了我的灵感。然而，效率专家通常将观看视频（以及任何与互联网有关的内容）放在他们“不该做的事情”清单的前列。在这方面，我的经验又与传统智慧发生冲突。你可能很难有勇气相信你自己的体验，摒弃主流文化的建议，哪怕你已经进行了自我观察，并且知道主流思想不一定适合你。

在阅读本书时，请你想想，在注重纪律、效率和尝试创造、创新之间，哪种平衡适合你。后者不应该是0%的比重！但是，如果你像许多沉浸在强调专注和高效的忙碌文化中的读者一样，那么你在创造力和创新性方面投入的努力目前可能接近于零。

实验

本书的每一章都包含心理实验。你不需要做所有实验。你只需做你最感兴趣的实验。你应该将它们视为你可以做的事情，而不是必须做的事情，甚至不是你应该做的事情。每章做一个实验就足够。在阅读本书时，手头上放一些便利贴，来标记你以后想做的任何实验。第2章是个例外，它只包含一个必做测验。

我有一个技巧可以帮助你。许多类型的创造性问题解决方法都受益于一个潜伏期，也就是从获知问题到尝试解决问题之间的时段。[13]

如果你读了一个实验，先花五分钟去做其他事情，然后再回来做这个实验，你会做得更好。去叠几件衣服或倒垃圾。离开座位，去办点事情。然后回来做实验。

为什么这有助于创造力呢？原因之一：如果你在阅读示例后立即进行创造性练习，这些示例会过多地锚定你的思维并限制你的创造力。[14]如果你去做五分钟不相关的活动，这将帮助你打破锚定思维，产生创意。

做好准备：阅读有关效率的文章会引发效率耻辱

在阅读本书时，你可能会注意到，你突然遭遇了效率耻辱。其他人的成功故事会引发焦虑。在文化上，我们被告知我们应该做得更多、更多、更多，我们应该始终遵守纪律，我们应该想方设法像超级高效的机器人一样运行，而不是像人类一样。

你也会产生另一个相反的念头：我们还应该多关注身心健康。我们应该多睡觉，多运动。残酷的是，这会造成内心的冲突和压力。你可能会觉得无论你做什么，都会是输家。

本书第4章介绍了减少效率耻辱感的策略。同时，请你轻视这些想法和感受。不要认为这是你的问题。它们更多是文化的产物，而不能说明你有什么问题。

当我们长时间受到某些信息的影响时，我们会将这些信息带入我们遇到的任何事物中。例如，哪怕我说你的目标应该是每章做一个实验就可以了，你可能仍然觉得如果你不做所有的实验，你就失败了。你可能会觉得我让你“多做、多做”，即使我根本就没有这样写。每当人们比较敏感时，就会出现这种情况。这就像，当人们在生活中受到太多批评时，他们会时刻觉察并感受到批评，即使没人批评他们。请留意关注，你在阅读本书时是否感到了额外的压力。这不是我的本意。但你可能会做出过度敏感的反应。请你尽可能让这些感觉消失。

第2章 迄今为止你的成功故事

02

从此开始，本书的每一章都将以一个简短而有趣的测验开始。它们将帮你了解本章的主题，评估哪些章节与你最相关。

每个测验有五个问题。请选择最能反映你情况的答案。不要过度思考，跟着你的直觉走，快速做出选择。如果没有最合适的答案，请选择最接近的答案。

每个测验都有相同的评分系统。如果你的答案主要是A和B，那说明你已经很好地掌握了本章涵盖的概念。浏览该章，找出你之前没有考虑过的小知识点。如果你大多选择了C和D，请更深入地阅读该章。

请开始你的第一个测验吧。

测验

1. 如果你有几天效率欠佳，你会感到压力有多大？

（A）毫无压力。有时我需要恢复或减压。休息会激发我最好的工作和点子。

（B）我会有些焦虑，但我的工作量是可以控制的，所以我有时可以从容应对。

（C）我的工作量太大了，我一刻也停不下来。我不应该小憩，因为一旦休息就难以赶上进度。

（D）我期待自己在任何时候都富有成效，当我做不到这点时就感到内疚。

2.有多少不同的因素促成了你的重大成功？这些因素可能包括紧张的工作、机遇、受益于意想不到的观察结果，或者将你引向不同方向的新兴趣。

（A）所有这些，以及更多！

（B）一两个偶然因素影响了我所选择的方向，但我的成功主要归功于教育和良师益友等传统因素。

（C）在我的成功之旅中，一些人一直很重要。但除此之外，我将我的成就仅归功于努力工作和训练。

（D）我认为我的成功仅取决于我与生俱来的智慧和才能、毅力、特定的工作培训和在职经验。

3.迄今为止，你的成功之路经历了多少曲折？

（A）很多。我培养了新的兴趣，有了新的想法或修改了现有的想法，而合作是我人生进程中的转折点。

（B）少数，主要与换工作有关。

（C）也许一次。

（D）没有。我循规蹈矩。我很少改变想法、探索新想法、学习新技能或与不同的合作者一起工作。

4.你的工作是否改变了你？例如，你是否因为与良师益友相处的经历而变得更加开放或信任别人？你有没有发展出

意想不到的兴趣或技能？

（A）我的工作以令人兴奋、深刻和意想不到的方式改变了我。我的工作让我拥有更广泛的技能、兴趣、想法和人际关系。

（B）我通过工作变得自信或成熟。然而，我的工作似乎只是反映了我已有的才能和兴趣。我不觉得工作让我发展出新的优势或产生激情。

（C）我通过工作交到了朋友，但我看不出它对我有何其他影响。

（D）我的工作对我的唯一影响是它让我疲倦、暴躁和愤世嫉俗。

5. 你是否正在从事一个多年项目，如果成功的话，将极大影响你的工作生活？（为人父母者，如果你正在抚养孩子，请确保把育儿也计算在内！）

（A）当然！

（B）一些人可能会欣赏我的工作，但它不太可能产生广泛的影响。

（C）不，但我过去这样做过，将来也想这样做。

（D）我没有从事任何长期项目。我的项目都是短期的。

本章的目的是促使你从长远的角度来看待你的成功。这可以减缓你对每分钟都要严守纪律的焦虑。

放松，你不需要每天都富有成效

关于生产力的第一点，也是最重要的一点是，你永远不应该感到压力，认为自己每天都要处于巅峰状态。

几天、甚至几周都生产力低下对你的成功无关紧要。为什么呢？一个人的成功轨迹在很大程度上取决于每年的几个关键举措。如果你在几个时间段之内有勇气和先见之明，并付诸行动，你就能成功。一直处于高压紧绷状态是不现实的，也没有必要。你不需要总是专注于任务，从不分心，从不拖延。因此我反对僵硬的时间管理。

以稳定的生产力为目标，这可能会很糟糕。如果你高估了稳定的生产力的重要性，这个目标就会排挤掉其他一切事物。大多数关于生产力的建议都高估了一致性的重要性。始终保持高效，不仅是一个无法实现的梦想，不符合人类心理的自然起伏，而且也不是一个有用的目标。人们问自己："我怎样才能始终保持高效？"而没有问自己："我需要始终保持高效吗？"事实上，你并没有必要这样做，而试图这样做会产生不利影响。如果你高估了持续保持高效的重要性，这可能会导致你不太可能经常去尝试与你的核心工作无关的但有可能创造巨大成功的冒险行为。

如果你试图始终维持高生产力水平，而这已经让你感到崩溃，你就很难抓住那些稍纵即逝的机会。这违反客观规律。如果你想拥有广阔的思维，那就要为它创造空间。你必须放弃一些东西，比如你对高效的执念。你需要努力工作，适当放松，才能有创新的勇气。

你可能读过有关高效人士的书籍，这些人看起来就像超人一样。你可能会觉得，你需要人格移植才能像他们一样。然而，你不需要做到一直这么勇敢，只需要在某些时候能做到就可以了。我们所有人都有一些必须变得特别勇敢和大胆的时刻。

如果没有至少是偶尔的大胆尝试，持续的努力也可能导致绩效不佳。当然，你需要做专注的、有挑战性的、深入的工作。但放松几天并不会对你的成功构成严重威胁。

过分关注始终维持高生产力水平，那可能会导致目光短浅，工作成果也会质量一般、影响甚小。当你过于专注于一致性时，你会错失发展新优势、新兴趣和新关系的机遇，而这些通常会帮你获得从事有远见的工作的机会。

巨大的成功通常来自尝试新事物或从事具有挑战性的长期项目。关键时刻往往伴随着勇气的闪现。这种勇气往往关乎人际交往。比如，你接触了新的合作者。

关键时刻通常源于探索的心态，而不是利用现有资源和方法的心态。抱有探索心态的人会尝试新的想法、技能、行为和关系。他们预计其中一些投资将在未来获得回报并增强他们的韧性。如前所述，我们有时需要在韧性和严格的效率之间进行权衡。例如，当一家企业在关键部件上依赖一家供应商时，其效率可能会更高，但灵活度也会降低。灵活度来自广泛的知识、技能、经验、好奇心、人际关系和方法，包括管理自己的方法。

我在本章中还想挑战另一个错误理念。最优生产力不是来自于一开始就为自己构想一个计划，然后毫不动摇地执行它。它涉及很多方向上的变化。这可能看起来效率不高，但通常是最佳路径。

我们从研究中得知，你的兴趣并不是与生俱来的、预先培养好的。你通过新奇的经历来培养新的兴趣、热忱和优势。[1]

要实现高水平生产力，也就是完成有意义的事情，就需要遵从你的内心。工作中意想不到的经历可能会引导你走上新的道路：

- 你所做的一项工作具有惊人的影响力。
- 令人沮丧的挫折会帮助你不再重蹈覆辙。
- 你修改了对自己优势的看法。
- 你的直觉告诉你要抓住一个意想不到的机会，即使它不是你最初计划的一部分。

你人生中的关键举措

在某些情况下，你会知道什么时候你正在做出一个关键的举措。而在其他时候则不会。在人生旅途中，你打开一些门，并关闭其他门。你的直觉、本能以及逻辑引导着你。这将形成你的发展轨迹。当你凭直觉做出决定时，你可能不知道你的生活最终会是什么样子或你对世界的贡献是什么。但你会知道，你被什么所吸引和排斥什么。

美国斯坦福大学心理学教授和畅销书作家凯利·麦戈尼格尔博士将她的职业生涯重点放在教学上，尽管传统上认为，对于拥有博士学位的人来说，教书不如科研风光。但是，她在斯坦福大学教授的课程非但没有阻碍她的成功，反而帮助她撰写了有关意志力和压力等主题的畅销书，并发表了广受欢迎的TED演讲。[2] 2600万观众观看了该演讲。她能做一场出色的TED演讲，是因为她通过教学积累了多年尝试用科学激励人们的经验。她结合教学经验、科学训练、写作技巧与她的其他爱好，创作了数本畅销书。

你对世界可以做出什么贡献？你对这一问题的认识会随着你的成长而发展。二十岁的你不了解三十岁的你，三十岁的你不了解四十岁的你。为一个你甚至还不了解的人制定总体规划并严格遵循，这对你来说没有意义。[3]随着你进行更多的探索，有了更多的经验，你有机会做得最有成效、最有影响力的工作将相应改变。

有很多人在努力工作。他们磨炼与职业相关的技能，但从不探索使用他们的知识、技能和人脉的非传统方式。他们从不考虑他们是否可以做一些比他们现在正在做的更重要并且更符合他们价值观的事情。这样的人（可能包括你！）错失了实现独特自我价值的机会，而这个世界也错失了他们。

你可能会期望，一本关于工作效率的书应该包含有关早晨例行程序和其他生活技巧的众多建议。这大错特错。你所做的任何有影响力的项目都可能是多年前工作埋下的伏笔。因此，我们的重点将放在你未来几年和几十年的成就，以及你如何确保当下走在正确的道路上。

构建时间轴的指南

在制定你的时间轴时，请想想你的成年生活经历了哪些自然阶段。使用你生活中的各个时期作为标记，来构建你的时间轴架构。

在你划分的每阶段内，添加你在生活或专业上取得的任何重要成就。例如，学习一项有价值的技能，创办企业，买房子，找到你的生活伴侣（你在个人生活中的合作者会影响你的工作效率），开始向退休账户注入资金，为你的成功发展富有成效的职场关系或可重复的模式。其他例子包括意外的成功（比如你为朋友帮的忙变成了副业）、影响深远的想法，以及从影响较小的工作转向影响较大的工作。

如果草拟时间轴让你望而却步，请换一种方式。叙述性地写下你的故事，或将其录制为音频。

你成功的机制是什么

在你把你的主要成功放在你的时间轴上之后，请加上促成这些成功的因素。我建议你加入以下元素。这是一个长长的清单。请你跳过任何你不感兴趣的内容。针对每个你选择回答的问题，请举出一个例子，并将它们分配到时间轴上相应的时期。

如果你难以回答某些问题，请让熟悉你的人替你回答。其他人有时会记得我们忘记或轻视的例子。

- 一些时间段的努力工作对你的成功有何贡献？
- 你在另一个领域发展的优势如何帮助你提高生产力？
- 你在哪些方面有所改进？你尝试过什么东西，结果无关紧要，但它最终成为跳板，帮助你在其他事情上达至成功？
- 你尝试过哪些新颖的（对你来说新鲜的）事情，可能没有任何结果，但对你的成功产生了重大影响？
- 什么技能是你第一次尝试时觉得有挑战性的，但现在却感觉是家常便饭？广义地说，做好你的工作所必需的技能是什么？你是如何获得这些技能的？

- 你一直拥有并认可的个人优势和才能是什么？相比之下，你发现的哪些自我认知令你感到惊讶？
- 在你的关键决策中，本能发挥了什么作用？（我人生中的许多最佳决定可能被认为是草率的。）你的一些最佳决定是否经过充分研究和深思熟虑？是否也有一些决定是更快地做出来的，或者没有经过那么详尽的研究？
- 改变想法对你的成功有何贡献？这可能是在修正你对自己的看法，例如，重新发现你的长处。
- 你哪些时间需要按照严格的规划表去全神贯注地做那些具有挑战性的工作？这对你有多重要？
- 其他对你有益的习惯是什么？哪些习惯对你有效，但不符合传统智慧？
- 技能训练对你的发展有何影响？
- 你的重大财务举措是什么？是如何发生的？尤其是想想，在你觉得完全确定或准备好之前采取的一些小行动是如何帮助你的？朝某个方向前进的行为有时会先于确定的决策。
- 你的职业道路如何反映出你所拥有的，但对你所在领域的大多数人来说可能并不常见的特殊兴趣或价值观？
- 你什么时候从成功中汲取灵感并开始付诸实践？
- 你选择的非常规路径对你的成功有何影响？是什么驱使你走上这些非常规道路？也许是因为传统路径对你来说太难或毫无意义吗？
- 你的事业和成功如何影响了你？你是否通过工作发现了自己的兴趣或优势？
- 其他人对你的成就起到何种关键作用？谁促使你提高技能？谁帮助你看到了自己未曾意识到的优势和才能？谁促使你以不同的方式看待世界？你的哪些合作者拥有不同于你的优势？

- 你的榜样是什么样的？榜样不一定是你熟悉的人。他可以是作家、播客主或你所在领域的某个人，你欣赏其职业道路或思维方式。他可能是你家族中的一员。他可能是你短暂遇到的某个人，其影响一直伴随着你。书籍或信息如何影响你的成功之旅？

要点总结

你可以把本书当成一本参考书。你肯定不可能在一次阅读中吸收每一章中的所有想法。所以请不要试图做到这一点！在每一章的结尾，请你总结一两个要点。当然，其余的信息不会凭空消失。当你面临新的挑战时，你可以重新阅读并获得新的想法。

为了防止你被大量信息淹没，在每一章的末尾，我都写了一两个复习题。它将帮助你确定你现在想要记住的内容。不要对你的选择过度思考。你首先想到的答案，与你花10分钟冥思苦想得出的答案一样好。

请将你的答案写在便于携带（你可以在任何地方查看）且易于搜索的东西上。不错的选择是谷歌文档，或发送给自己的电子邮件，邮件使用统一的主题行，例如“效率书籍”。这样方便你系统性地补充答案，也便于检索和回顾。

当你总结要点时，写下来你为什么想要记住这个要点。你希望该要点以何种方式影响你？如果你获得了全新的视角，请说明你希望如何将其转化为你的行为变化。

以下是帮你总结本章的问题。

概述你的成功故事，这如何让你对生产力有不同的看法？

答案示例：当我按照本章要求写下我的故事时，我意识到，合作关系对我取得的成就至关重要。有时似乎我需要靠自己来取得成功。这感觉像是很沉重的压力。但这种压力并非基于现实。我有很好的合作伙伴关系。我的配偶一直是我探索创新的稳定基地。我与合作者和编辑建立了良好的关系。我与大品牌的合作伙伴关系，如《哈佛商业评论》和《今日心理学》杂志，对我的成功至关重要。这些洞察对现实生活的启示是，我应该花更多时间探索新的合作伙伴关系。

请你写下自己的答案，整理你从阅读本章或创建时间轴中获得的见解。本书不会向你填鸭式灌输一个精确的系统来供你使用！我的目标是唤醒你内心的专家。不要怀疑你独立思考的能力。你是有这种能力的！

第3章 如何摆脱日常琐事

03

如前所述，如果你选择的大部分选项为A和B，这意味着你可以略读本章。如果你的选项主要是C和D，请详细阅读本章。

测验

1.你是否能从日常工作中退后一步，用大局观审视你的生活？

（A）是的。我经常跳出日常工作来做这件事。

（B）我有做这件事的策略，但我没有尽我所能去做。

（C）我每年做一次或更少。

（D）没有，我不知道如何开始。

2.你的日常工作和待办事项与你的人生动力一致吗？例如，你的动力可能是探索发现、提高大众福祉、与能提升你能力的人一起工作、减轻生活压力，或实现财务稳定。

（A）非常匹配。

（B）比较匹配。

（C）我太忙于紧急任务，无暇顾及我的人生动力。

（D）我都不太清楚我的人生动力是什么！

3.你是否曾以生活的变化和转变（如搬家、换工作或成为父母）为契机来促使你的行动与你的目标保持一致？例如，当你换工作时，你以此为契机，开始自动将更多薪水用于退休储蓄。

（A）是的。我可以举出几个这样的例子，包括最近的几个。

（B）我可以从过去五年中找出至少一个这样的例子。

（C）我可以举出一些这样的例子，但是是很久以前的事了。

（D）不。我生活的改变或转变带给我的只有负面压力。

4.你在多大程度上疲于应对生存压力（短期的关注，比如如何在本周的截止期限前完成任务）？

（A）不多。我的关注重点是长期的，即加强我从事有意义工作的能力。

（B）每周都有几天，我疲于应对。

（C）几乎所有时间。我只是偶尔考虑提升我的技能和人际关系或改进我的策略。

（D）人们真的可以用其他方式工作吗？本书哪些内容会论述如何处理电子邮件？我只关心处理完我的所有邮件。

5.你是否清楚自己的使命，即你试图通过工作实现的大目标？

（A）是的，我可以用一句话来概括。

（B）我知道，但疲劳让我感到与它脱节。

（C）我知道，但它似乎与我花费最多时间去做的事情相去甚远。

（D）我不觉得我在做任何重要的事情。

我们中的许多人总觉得自己正在做的工作并不重要。但生活的需求、喧嚣和干扰将我们置入苟活模式。它们迫使我们去做那些我们感觉必须立刻、马上去完成的事情。我们忽略了其他选择，这些选择可能会在未来产生更大、但更不确定的回报。

当人们不觉得所做的工作有多大意义时，他们常常会觉得自己正在为工作放弃生活。当他们在办公室劳作时，他们的生活就暂停了，只有当他们回家时才会恢复。世界上并没有什么完美的利用时间的方式。然而，有些工作比其他工作更有潜力改变你的生活，或者产生广泛的社会影响。

做重要的工作可能并不总是需要付出巨大的努力。就你几个月来一直在思考的想法写出一份提案，也许只需要你一天的时间。也许你只需要两天时间就可以写出TED演讲的草稿。要与一位了不起的合作者建立联系，也许只需要你花二十分钟来写一封深思熟虑的电子邮件。是什么导致你将那二十分钟或那一两天时间搁置一旁？当你已经有很长时间都没有任何行动，最终又是什么促使你决定去做了？

找到时间和精力，这似乎是一个关乎优先次序和自律的简单问题。其实不然。请你不要相信那种苛求自己的解释。

我们很难摆脱紧迫和熟悉的事物，很难找到空间来做有创意、有远见或新颖的事情。人们通常会通过从待办事务清单上划掉一些已完成项目来暂时得到安慰，即使这些项目是无关紧要的，这总会给人一种高效工作的错觉。

幸运的是，心理学研究告诉我们，什么可以帮助人们腾出时间去做大事。

记住，你应该关注什么会改变你的成功轨迹，什么是一年后重要的事情，但你不能指望自己每天都从事这些活动。

如何考虑大局

专注于它

更具创新精神的人会花更多时间尝试创新。[1]大局思维也是如此。你越是尝试着眼于大局，你就越会有大局观。

这个一般性原则适用于很多层面。在最低级别，它适用于你的工作流程。例如，对于作家来说，生动的标题至关重要。尽管知道这一点，作者在撰写文章时，仍可能在写完全文后才考虑标题。在这种情况下，大局思维意味着重视标题的吸引力。这意味着你要有一个工作流程，而不是到最后才去想标题。

或者假设你是一名心理治疗师。你知道与患者建立亲和关系是关键。你上一次考虑如何让你的办公室更具吸引力，那还是早在六年前刚搬进来的时候。所以今天请你花十分钟问自己这个问题：我怎样才能让来我办公室的人感觉压力更小，或感觉更愉悦？

什么是创造性的解决方案？

- 你可以让客户体验更好，就像他们置身于水疗中心。例如，安排一个额外的房间作为静谧区，布置令人平静的灯光，供客户在疗程结束后减压。
- 也许你可以在等待区为客户提供免费的水果、饮料、小吃。
- 当客户来访时，你请他们喝杯茶，就像你在家里待客一样。

当你像这样专注于创造性地解决问题时，解决方案就会出现。问题是人们不会退后一步去这么做。他们未能优化工作中本来可以轻松改进的有影响力的方面。

在更高的层面上，大局观可以重新评估你正在从事的项目或正在使用的方法。

- 你可能已经不太应该继续进行某项工作。你从事的某项工作在你刚开始做时可能是你最好的想法。但现在你有了更好的想法。
- 你拥有一家企业，你不想永远从事这种工作，但你没有退出计划。
- 你和你的爱人需要讨论如何实现人生目标，但你们总是无暇顾及。

有的时候，让你的梦想成真，这只是一个找时间去做的问题。

我的爱人一直梦想到海外做医疗志愿者。她像我一样容易焦虑。她不想做长期服务的承诺，也不想在偏远或危险的地区工作。一旦我们弄清楚了她希望做什么，她就开始与同事讨论这件事。

令人震惊的是，她听说有一位医生住在离我们只有几英里远的地方，但却在柬埔寨经营着一个慈善组织。在接下来的五年中，她每年利用三到四个星期的年假在柬埔寨做志愿者。要实现她的这个梦想，只需要她向别人说出她想做的事情。老实说，我们俩都没想到这么简单的策略会奏效，但它确实奏效了。这对你来说可能并不那么简单。但如果你不尝试一下，就永远不会知道结果。关键是，实现梦想有时会比你预期的要容易得多！

实验

1. 在你的工作中，哪个方面最有影响力，但你现在很少花时间顾及？

2. 你想完成的一些重要项目是什么？选择一个。接下来你最需要做什么？也许是思考，也许是找别人谈谈，也许是做深入的调研。不管怎样，选择一条前进路径。

界定你的核心使命

确定你的人生使命很重要。研究告诉我们如下结论：擅长自我控制的人会设定他们觉得真实的目标。他们赞同这样的说法："设定这个目标让我感觉与真实的我保持联系。"[2]以价值观为导向，有助于人们更好地进行自我调节。[3]

界定你的核心使命对你来说容易吗？现在花点时间试试。这里有一些例子：

- 我的爱人说她的核心使命是确保她的患者健康。
- 如果你是一名教师，你的使命可能是帮助你的学生热爱学习，或者教会他们批判性思考。
- 如果你是一名会计师，你的使命可能是帮助客户解决税务

和资金流方面的问题，这样他们就可以专注于他们的核心工作。

请你尝试超越当前的角色进行思考。如果你的使命似乎过于依赖你当前的角色，那就大胆一点。例如，尝试“帮助我的学生学会热爱学习”，而不是“帮助我的学生考试过关”。

实验

现在就请你尽全力来确定你的核心使命。用一句话定义它。选择你最感兴趣的，而不是看起来符合社会需求的答案。将其与其他答案写在同一个便携、易于搜索的东西上。也许你也可以将其打印出来，贴在显眼的位置。

你的核心使命会永远一成不变吗？不会的。随着你的优势、技能和资源的增长，你的核心使命可能会改变。为什么呢？当这些要素增长时，你可用的机会就会改变。了解你的核心使命是什么，可以帮助你集中精力。让你的核心使命随着你的发展而改变，可以帮助你在整个职业生涯中保持最佳生产力状态。

考虑使用你的知识、技能和人脉的其他方式

一种狭隘的生产力观点是只考虑一种使用你的知识、技能和人脉的方式。但其实方法不止一种。

如果你是一名小学四年级教师，每天站在班级前面讲授课程，这是你的技能的一种运用形式。另一种可能是设计游戏，以此来教授概念。或者你可以教父母如何帮助他们的孩子制订学习计划或如何激发孩子的好奇心。或者你利用自己开发的创新性教学方法来开发视频课程。每售出一次课程，你就给一个低收入家庭赠送一次免费下载机会。

在你当前的角色中，如何利用时间才是最有效的方式？考虑此问题时，你要拓宽视野。不要局限于在你的习惯行为中做出选择。

尝试一下新的想法，例如：

- “我能否尝试可能比常规操作产生更好结果的方法？”
- “我应该做更多工作，还是教会别人做我能做的事？”
- “我能否通过创新来优化工作流程？”
- “我应该和我现在的合作伙伴一起工作，还是需要扩展业务？”

乍一看，这些问题似乎和你的工作无关。拓宽视野，想象一下它们能怎样改变你的工作。创造性地思考你的潜在业务合作伙伴是谁。

如果你并不想对工作生活做出任何重大改变，那怎么办？请将你的想法牢记在心。当你感到有动力行动的时候，再去探索它们。

我接下来要说的话可能会让你大吃一惊。思想领袖经常强调，生产力就是制订具体的行动计划。但是生产力提升也可以来自于更加重视你不完整的想法。什么是不完整的想法呢？它们是你尚未完全理解或看不到与你目前工作相关性的想法。[4]创新性想法很少以完全成熟的形式出现。它们不需要与你的生活直接相关。你可以重新审视那些不完整的想法，看看它们现在是否变得相关或清晰了。

使更多的日常任务与核心使命保持一致

你的日常任务需要与你的核心使命保持一致。但如果刻意这样做，则会让人筋疲力尽。那你如何做到这一点呢？实际上，它会随着你建立程序和习惯而逐渐发生。

如果你是一位老师，想要鼓励学生热爱学习，你如何在日常课堂中体现这一点？你的使命如何影响一天中的每一分每一秒？也许可以给你的学生布置课题，让他们通过谷歌搜索他们感兴趣的内容，然后同学们互相交换知识。

找出最有成效的工作来做，这是本书的基础。不要急于得到完整的答案。本书的第三部分将向你展示如何提出创造性的想法，以充分利用你的知识、技能和人际关系。

实验

你日常工作的点滴如何反映你的使命？你如何才能更多地将使命注入所需完成的任务中？你不会立即达到完美的统一，但你可以逐渐朝着那个方向前进。

做长期项目

长期项目有很多优势。如果你花几个小时或几天的时间在一个项目上，它的影响力似乎并不重要。如果你在几年时间里每天花几个小时在一个项目上，你会对这项工作是否重要更加在意。长期项目更有可能专注于更难的问题和更宏大的想法。它们最终更有可能产生真正的影响。长期项目具有很高的创新潜力，这还有另一个微妙的原因。当你长时间专注于一个主题时，这个主题的“表面积”就会变大。你在其他领域和日常生活中遇到的不同想法更有可能与你正在研究的主题发生碰撞。在更长的时间段里面，你更有可能会考虑工作之外的东西。这意味着，和你只在一个项目上工作几天或几周相比，你更有可能将来自更广阔世界的不同观察结果与你的主题联系起来。这些多样化的联系将帮你形成最有创意的想法。

最后，当你从事一个长期项目时，你需要容忍一点，那就是不知道最终结果将会是什么。这令人焦虑。但这可能是促进生产力的焦虑。如果你有适度水平的焦虑和谦逊，你会经常问自己：我在哪些方面可能是错的？我可能有哪些盲点？这种心态会鼓励大局思维。

实验

如果你没有一个三年到十年的项目，当你阅读本书的其余部分时，想想你可能会选择什么项目。

使用估算来衡量工作的潜在影响并权衡各个选项

本章告诉你，要优先选择具有较大潜在影响的工作，而不是潜力较小的工作。那你怎么判断呢？两分钟的快速估算可以帮助你判断潜在策略的价值，改变你的视角，帮助你发现错误的假设，并评估各种观点。

数字为判断和比较提供了客观的标准。你无须进行精确的计算，大致估算就足够了。[5]

实验

选择以下问题中的一个，并想出一个能够快速评估答案的策略。（如果你觉得卡壳了，请在阅读完本节的其余部分后再回到这个实验。在我对它们进行更多阐释后，这些概念会变得更清楚。）

- 提高在青年中的投票率是赢得选举的可行策略吗？
- 那家会计师事务所收费更高，它值得我们花那么多钱吗？
- 如果没有婚前协议，你将来后悔的可能性有多大？
- 保费更高但免赔额更低的健康保险最终成为一笔好交易的可能性有多大？
- 小提琴课相比游泳课对你的孩子更有价值的可能性有多大？
- 叫外卖可以节省时间，还是和做饭一样花时间？

简单的估算可以帮助你早早认识到，有些事情根本不划算。有时我有一种冲动，想自己做房地产投资，而不再与全职做房地产投资的人合作。当我估算了这会占用我多少本可以用于写作和家庭的时间后，我知道这种想法毫无意义。

快速估算可以帮助你了解调整策略是否可以改善情况，或者是否需要进行更彻底的转变，甚至可以帮你判断是否可以兼顾所有项目并按时下班。

估算可以帮助你了解是否拥有可行的工作模式。如果你正在考虑副业，该副业的增量有多大才值得去做？那有多难？如果你想在十年后取得某种成就，那么五年、三年、一年内你需要取得什么成绩？那行得通吗？你需要实现什么样的增长才能达标？

你可以使用快速估算来确定你的投资回报，然后比较你的投资选择。

- 你今天是应该将时间花在一项可能毫无结果，但是有潜在高影响力的任务上，还是花在一项收益一般的任务上?
- 如果你需要为课程写一篇3000字的论文，你应该阅读25篇论文，还是30篇论文?阅读这些额外论文的好处是什么?
- 如果每个成员都愿意畅所欲言，而不是现在的只有30%的人愿意畅所欲言，那么你的团队的工作效能会提高多少?为了实现这种改变，值得做出哪些投入?
- 如果我现在花十个小时帮助我的孩子更自立，我以后能腾出多少时间?我的投资回收期是多久?同样的估算也适用于培训员工。

实验

快速估算能给你的生活带来哪些好处?比如估算你每周的时间分配，估算你的财务状况或你想要实现的增长。如果你现在什么都没想到，请不要担心。在周末好好想一想下一周的规划，从中找出一个你想估算的备选项。

改变你的生活常规

对于那些依赖严格常规的人来说，有一个奇怪的悖论：改变你的常规让你更有创造力。[6]

当常规发生变化时，它就会使我们摆脱习惯。常规常因日常生活中的变故而发生变化，例如换工作、搬家或建立/断绝某种人际关系。

这些事件并非每天都会发生。另外，你还可以自主改变你的常规。你可以从小事做起。如果你坐在办公室附近公园的一棵树下吃午餐，请尝试换一棵树。（如果你不相信我说的这些可能会产生影响，在本书的第9章中，我将给出一个有趣的案例来证明这一点。）

或者你可以想想更大的事情。你也可以创造条件，来阻止自己墨守成规。以不同的方式体验生活，能让人们认识到自己的力量，以及之前没有意识到的改变的能力。你可能会对你从未想过的自己会喜欢的活动产生新的热情。这种自我意识的改变也有可能渗透到你的核心工作角色中。

在你的舒适区之外进行的尝试也可能会帮你同与你有不同想法的人建立更多联系。接触不同的思维方式可以帮助你从新颖的角度看待你的工作。你会找到可以就工作或生活问题征求意见的人。

实验

你对什么变化或项目感兴趣？它如何使你摆脱现有习惯？它如何帮助你更清楚地看到大局？

善用危机、负面事件和困境

这可能会让你感到惊讶。在某些情况下，负面情绪有助于提高生产力。所有的情绪状态都与不同的思维模式有关。例如，悲伤会激发自传体思维。人们在失去工作或失去亲人等事件后会感到悲伤。正如心理学家阿特·马克曼博士所说，“悲伤的目的是帮助你重新编织生活的故事。”[7]悲伤会促使人们寻求意义。它可以促使人们重新评估对世界的信念以及在世界中的位置。

不同的情绪状态可以帮助你从不同的角度进行思考。死亡凸显效应（Mortality Salience）可以促使人们进行全局思考。它可以给有意义的工作一种紧迫感，并鼓励你大胆去做。

与生活中的其他重大变化一样，危机会打乱常规。它让我们脱离所有习惯，帮助我们摆脱“自动驾驶”。如果你的婚姻破裂，你的日常生活就会改变。负面事件给人一种重新开始或翻篇的感觉。

危机往往使紧迫事务和重要事务具有一致性。在危机发生时，人们往往会把注意力和资源集中在那些直接影响生存或解决危机的事务上。这些事务通常是紧急且重要的。而在正常情况下，这样做会障碍重重。

个人危机，如倦怠不堪，会导致人们考虑离职、彻底转变职业，或其他选择，这些都是痛苦和创伤性的。但是，一旦人们意识到现状无法维持，这些危机就会迫使人们进行全局思考。当细枝末节的调整明显无法解决问题时，就会激发我们巨大的创造力。

实验

你如何才能更好地利用危机来帮助自己专注于大局？请回想一下第2章中的时间轴，找出你以前的类似经历。

如果你在高度情绪化时难以正常工作，我感同身受。我们将在下一章对此进行深入阐述。

要点总结

1.本章中的哪一点对你最有帮助？在实践中，它可以如何帮助你提高生产力？写一两句话。

2. 本章中的哪一点看起来最不有趣或最不适用？拓展你的思维，想出一个办法让这个原则可以适用于你的情况。这个问题会让你以超出常规的方式思考。你不需要承诺做任何事情。这是一个思维实验。小点子或大想法都挺好。

第4章 如何保持成长心态

04

如前所述，如果你的大部分选项为A和B，意味着你可以略读本章。如果你的选项主要是C和D，请详细阅读本章。

测验

1.你认为要提高生产力，为此你需要提升自制力吗？

（A）高效能不仅仅关乎自我控制。

（B）自我控制似乎占25%~50%的比重。

（C）我的自制力不错，但更加自制似乎是提高生产力的首要方法。

（D）我100%赞同。我的问题是我需要减少拖延，减少休息时间，让自己变成一台高效机器。

2.因为生产力低下而深感耻辱，这对你的困扰有多大？

（A）很少。我不想当机器人。

（B）我并不完美，我希望自己是完美的，但从逻辑上讲，我对自己所做的事情感到满意。

（C）我不是埃隆·马斯克，这让我很生气。

（D）这真的让我很沮丧。我感觉自己很差劲。

3. 你觉得更好的策略、干法和更富有成效的人际关系会帮助你实现最重要的目标吗？

（A）当然，毋庸置疑。

（B）我认为这些会帮助我取得更大的成功，但我仍然不觉得自己能像其他人那样获得成功，即使我拥有了所有这些。

（C）我怀疑我是否有能力做到这些。我的缺点和缺乏自律妨碍了我。

（D）不。即使我做了很多正确的事情，我仍然无法成功。

4. 你能否熟练利用负面情绪来帮助你保持专注？

（A）这对我来说已经是一个根深蒂固的习惯了。如果我感到担心、沮丧、内疚、愤怒等，我可以将其引导到更专注地完成出色的工作上。

（B）我从来没有想过这个，但可能有时候我会利用负面情绪来让我专注于对我有意义的事情。

（C）当我感到有负面情绪时，我很难集中注意力。我可以争取做到这一点，但我不认为负面情绪有什么好处。

（D）我的负面情绪使我拖延或放弃。它从来没有对我的注意力产生过积极的作用。

5. 当一条提高生产力的建议不适合你时，你能做到轻易忽视它吗？

（A）这对我来说很容易。

（B）我可以忽略它，但其他人成功做到的事情而我却做不到，我对此有一些挥之不去的焦虑。

（C）我经常对作者感到愤怒，感到自己被误解了，但我仍然为我不能采纳该建议而感到难过。

（D）我对自己很失望，因为我不能做到那些高效能人士显然能做到的所有事情。

你可能听说过成长心态的概念

人们对这个概念有一个常见误解。成长心态是一种信念，你可以通过努力、更好的策略和他人的帮助来提高它，而不是认为自己的能力是固定不变的。人们常常狭隘地认为闷头干事就是成长，但这只是成长心态的一部分。更好的策略和向他人学习同样是这一概念的核心内涵。[1]成长心态绝不仅仅只是鼓励实践和自律。

成长心态是成就事业的助推器，因为它帮助人们抵御挫折和负面情绪。而问题在于：它通常被视为自我提升的先决条件。它被视为人们应该已经掌握的技能或是一个可以轻易按下的开关。而如何获得和维持成长心态却常常被忽视了。

成长不是要控制自我中的令人沮丧的部分

如果你了解很多提高生产力的建议，你可能已经注意到它们有两个导向。

1. 当“真实”的自己总是想偷懒时，我怎样才能让不好、懒惰的自己努力工作？

2.我怎样才能破解我的生活/工作/系统，这样我就能事半功倍地得到很多回报?

在这两种情况下，人们都在廉价卖空自己。令人惊讶的是，很难让人们相信他们的效能不佳并非都是由于缺乏自律造成的。

在第1章中，我提到了一个激进的观点，即我们大多数人都相当自律。我将在这里扩展这个观点。自我控制和自律是进化优势。那些擅长这些技能的人更有可能生存下来。他们更有可能将这些品质传给后代。这种模式在许多代人中被重复和加强。你没有理由认为，自己没有从勤劳的祖先那里继承这些品质。你也不应该认为它们只是少数精英人士才拥有的品质。

努力是适应性的，因此人类进化出一种机制，使得我们在努力工作和尝试新事物时感到愉悦。你是一个活生生的人。我们与生俱来的本能是要有时工作，有时休息，有时玩耍。你有这些不同的欲望，因为它们是适应性的。你的生理特性决定了你有动力去提高工作效率。你不需要克服一些内在的懒惰，这不符合人性。我们只会在部分时间内富有成效，这并不意味着我们是失败的。各种欲望是交织在一起的，这正是我们的进化方式。

在本章中，我们将挑战一种观点，那就是你的“穴居人”自我（先天的、进化了的自我）会对你的生产力构成威胁。你的“穴居人”自我会生气、嫉妒、焦虑，并担心自己被社会接纳的程度。正如你将认识到的，所有这些倾向都非常有用，不是坏事。

当我们有外部支持时，比如不系安全带就会被罚款，且每辆车都预装了安全带，于是我们大多能成功地坚持自律。大多数人都会完成社会要求他们完成的任务，例如上班和报税。如果像树懒一样的懒惰习惯有外部支持时，人类就会陷入纠结。比如，流媒体平台上的电视剧在播放完一集后自动播出下一集，我们就会难以抗拒。如果体制和环境鼓励懒惰，比如在步行不友好的城市，人们就会懒惰下来。

我曾经读过一篇关于习惯的研究，它引用了著名电影演员格温妮丝·帕特洛的话。她说她已经养成了锻炼的习惯，每个工作日上午10点锻炼，并且顽强地坚持这个习惯。[2]道理是这样的。几乎我们所有人都可以在上午10点坚持一项日常活动。对于大多数人来说，上午10点是意志力的巅峰期。正如你可能听说过的那样，上午的手术效果更好。[3]法官在上午做出的判决更公正。[4]显然，杰夫·贝索斯每天上午10点召开高层会议，正是出于这个原因[5]。

任何能够控制自己一天日程的人都可以将一项需要自律的活动安排到他们的意志力巅峰时段，并将此活动坚持下去。如果你有能力使用外部因素支持你的习惯，则效果更佳。如果你雇得起一位培训师，让他每天早上9:45敲你的门，你就能保持每天上午10:00的运动习惯。不是每个人都能将健身安排在他们的意志力高峰时段。如果你能做到这一点，那么坚持下去可能也没有问题。

自律窍门并不是提高生产力的主要方式。如果你查看谷歌趋势数据，你会发现，自2014年左右达到搜索顶峰以来，人们对自律小窍门的兴趣一直在下降。这是为什么呢？我认为，人们已经意识到，自律窍门大多没有太大回报。要提高生产力，仅靠时间管理技巧和提高工作速度的技巧是不够的。你需要有创造力、好奇心和勇气。没有这些，时间管理就是在将要沉没的泰坦尼克号上调整躺椅。

放下你的低效羞耻

不是阅读本书的每个人都会为效能低下而感到羞耻。[6]但如果你有，解决这个问题就很重要。

羞耻是一种强烈的情感。它与内疚不同。内疚是说你后悔自己做过或没做过某种行为，或者你对这些行为感到矛盾，因为你喜欢它们，但做完之后又感到内疚。而羞耻则更为强烈。它指的是你感觉自己没有能力去遵循某种模式，而你认为这对实现你的梦想至关重要。当你感到这种羞耻时，你不会有成长心态，因为策略、干法或建议似乎无法克服你先天的缺陷和局限性。

当人们对低效感到羞耻时，他们被动做出反应。他们的反应通常是完全避免具有挑战性的创新工作。有些人会尝试通过做更多工作或取得更多“成就”来摆脱羞耻感。但是当你能放下低效羞耻时，就会更容易看到成长心态如何帮助你实现目标，你会感到策略、干法、建议和支持对你有用，就像它们对其他人有用一样。

完美主义者尤其容易感到焦虑，觉得自己不符合高效能人士的定义。但这是因为我们中的许多人对高效能人士所做的事情有一种扭曲的想法。我们想象高效精英（和竞争对手）总是专心致志，从不为开始一项任务而感到焦虑，从不喜怒无常。但那是不现实的。高效能人士有时也会效率低下，拖延，无法解开心结。

你眼中的高效能人士是什么样的？是白天工作一整天，然后回家忙副业？是建立了一个商业帝国？是从小就想从事责任重大的工作？

也许你不想变成这样。你可能正在应对某个挑战，例如抑郁或焦虑的倾向。或者你不想全天24小时忙碌不停。也许你不是天才。你可能读过关于创新者的故事，他们一生都无可争议地天赋异禀。如果你不是这样的，那怎么办呢？你"比较"聪明。你优于75%、80%或90%的人。但总有聪明人比你聪明。你并不认为自己富有创造力。

不管你觉得自己有何种不足，请你看开放下。无论你认为自己缺乏什么，无论是基本的生活动力、一定水平的智力、个性特征或情感上的韧性，请不要为此耿耿于怀。你要相信，你拥有为你的领域或社区做出贡献所需的一切。

不要让你的自我苛责决定你的目标。[7]不要让所谓的"高效能人士的应有行为"来左右你的目标，只是因为你认为扮演这个角色会帮助你摆脱低效羞耻。你不需要扮演一个高效能人士的角色，也不需要扮演你认为的社会为你规定好的角色。

低效羞耻和焦虑就像酒渍一样根深蒂固。我们将文化信息和来自我们家庭和亚文化的信息内化。对于曾经是聪明孩子的人来说，压力可能更大。在生命的早期，聪明的孩子因其聪敏而受到称赞。[8]他们会逐渐相信这是他们最有价值的品质。在这种情况下，人们会发展出自我保护策略，例如完美主义。他们用成就来验证自己的价值，并增强自我意识。当他们不完美时，他们会尝试将自我苛责作为做得更好的动力。

实验1

如果你对低效能感到羞耻，原因何在？关于什么是高效能，你的想法是从哪里发展而来的？你对自己的期望是如何形成的？请考虑更广泛的文化影响。此外，请考虑微观世界，例如你的家庭或你工作过的地方。考虑你要效仿的榜样。

做这个实验的意义何在？当你看到你的想法从何而来时，你会发现它们不是老生常谈。你可以放下你从我们的工作狂文化中内化的信息。高效能并没有一种特定的方式。

实验2

这个实验将帮助你更深入地处理你的情绪并克服它们。[9]它会让痛苦的记忆变得不那么扎心和分神。回想一下你对低效能感到羞耻的一段记忆。它可能来自近期或遥远的过去。它可以是一件大事，也可以是对你产生不成比例影响的小情况，比如令你耿耿于怀的旁人不经意的评论。写下这段记忆。然后给自己写下一些富有同情心的话。至少花十分钟做这个任务。在四到五天的时间里，重复回想这一段记忆。这将帮助你去除你过去随身带着的“酒渍”，让你重新定义自己的成功标准。如果你愿意，你可以录下自己回忆往事并富有同情心地自言自语的视频。通过这种自拍，你就可以看着自己说话，从中获得更多的共鸣。当你写下（或说出）你的记忆时，一开始你可能会感觉更情绪化。而当你能够“处理”这些记忆时，你的情绪会平静下来。

你的自我同情谈话应该包括三个部分：(1) 承认你所有的具体情感（可能还包括愤怒、担心、焦虑、绝望等）；(2) 承认这些情绪和类似经历是普遍存在的；(3) 对自己说一些友善的话。[10]关于如何更好地对自己充满关怀地自言自语，请访问 www.AliceBoyes.com 上的一篇文章。[11]

不要内化不适合你的建议

有关生产力的传统建议存在很多问题。首先，对某些群体来说，常规的建议效果不佳，甚至适得其反。例如，研究表明，加强人际交往的建议可能不会帮助女性在职业生涯中取得很大进步（因为男性比女性从人际网络中获得的帮助更多）。[12]那些要求加薪的女性可能会因为提出要求而受到惩罚。对于男人来说，“假装你成功了，直到你真的成功了为止”，这可能不是最好的建议，因为男人更容易出现过度自信的问题。电子邮件要简短，这建议可能对某些人有用，但可能会导致其他人因为写简短邮件而被视为是不友好的表现。“洗衣服可以等一下，你自己先关照好自己。”像这样的建议会让人们在事后要真正赶上工作进度时感到压力更大。

关于生产力的建议如果偏离了目标，就会让人们士气低落、愤怒或不知所措。如果你读到任何让你感觉不好的内容，请不要对这种经历自我苛责。注意一下，低效羞耻的阴影是否笼罩着你。不要轻易相信任何建议。这些建议可能并不适合你，或者现在还不适合你。你要能够识别出对你没有帮助或不重要的建议。

在论述生产力的文献中有很多似是而非的微妙内容。人们很容易陷入其中。

例如，名人和一些成功人士不断被问及他们早上的常规惯例。为了应付，他们回答了问题。出于个人品牌营销的目的，他们可能捏造了一点东西。他们甚至可能不会自己给出/写出答案。读者最终会读到什么？这些人士似乎真的认为他们早上的常规惯例对他们的成功至关重要，而实际上他们只是在回复公关采访而已。

另一个问题是，在与职场相关的写作中，自我提升性的文章被分成不同的类别。这会给读者留下这样的印象，即自我提升领域的人认为所有问题和解决方案都是个人性的。如前所述，大量关于忙碌工作或自律，以及自我保健的文章会让你觉得自己无法成功。你最终会不断地在这些观点之间摇摆不定，犹豫你应该关注哪一个，却什么都没做好。

如果你对你读到的关于生产力的论述有负面反应，请坦然视之。这包括你在本书中读到的所有内容！当某建议让你感觉更糟时，你完全可以得出结论，“这不是我的问题，是他们的问题”。

如果你认为你应该遵循所有关于生产力的常规建议，你就会觉得自己应该做各种各样的事情，陷入无穷无尽的循环。请关闭这种循环。你应该将一些建议标记为无用的建议，把它们从你的清单上划掉。如果你有无穷无尽的待办事项清单，就很难拥有成长心态。

有时有用但并非总是有用的技巧的微妙之处

要减轻内部压力，请承认相互矛盾的建议在不同的时间段都会有所助益。在某些日子里，你需要专注于完成眼前的工作，[13]而不是关注大局。其他时刻情况则恰恰相反。有时候，专注生存而不是发达，才是更好的选择。如果你不是每天都坚持采用相同建议的话，接受这一点可以帮助你感觉良好。

你需要充分了解自己，知道在何时应用哪些建议。例如，“保持房屋整洁”，此建议对我的生产力提升来说并不是必需的。即使我的房子很乱，我仍然能很有效率。然而，当我难以集中注意力时，有时我会先拆掉我的床（将床垫抬起），然后用吸尘器清洁床下。这是我过去在治疗注意力不集中的孩子时学到的一个技巧。我了解到举起重物（锻炼大块肌肉）有助于集中注意力。我每隔几个月才这样做一次，但效果非常好，通常这能在几天内帮我集中精力处理我最重要的工作。

如果你充满好奇心，并喜欢了解自己和人类心理的微妙之处，那么就更容易拥有成长心态。不要指望关于如何最好地工作的问题能有非黑即白的答案。在某种程度上，对你的工作效能抱有成长心态需要学会接受一点，那就是关于高效能的问题会有各种不同的答案。作家格雷琴·鲁宾有一句名言，“一个伟大真理的反面也是真实的。”[14]如果有一条自我强加的规则，帮助你在大部分时间保持高效能（比如从不在周末工作），那么至少偶尔也会出现完全相反的情况。

实验

对你没有帮助的三个常见的生产力提升建议是什么？你可以从待办事项清单中划掉哪些建议？

有什么建议有时对你有帮助，但有时又让你感觉压力过大？

利用好你的负面情绪来集中注意力

当科研人员测量人们利用负面情绪集中注意力的能力时，他们会问如下陈述[15]是否符合真实情况：

- 当我遇到阻碍我实现目标的障碍时，我的挫败感会激励我。
- 忧虑有助于我解决与目标相关的问题。
- 当人们分散我的注意力时，我会利用我随之产生的愤怒来保持专注。
- 当我在追求目标的过程中未能达到自己的期望时，我会被内疚所激励。

个人为追求目标而驾驭负面情绪的能力被称为心理灵活性，它还包含其他两个要素：(1) 你是否逃避困难或有压力的目标，以及 (2) 你是否接受压力和不愉快的感觉是追求目标的一部分。(更有创新精神的人更能承受压力。)[16]

心理灵活性会产生各种积极的结果。[17]拥有更多心理灵活性的人在工作中表现更好。他们更以目标为导向。他们的生活质量更高，身心更健康。高效能和幸福感不是此消彼长的。你的心理灵活性越强，你就越有可能过上富有成效和更健康的生活。现代心理学已经扬弃了那种过于简单化的想法，即你需要快乐才能提高工作效能。你最不开心的时候也可能是工作出众的黄金时期。[18]

就工作效能而言，你完全有理由不需要害怕强烈的情绪。强烈的情绪与创造力有关。[19]经常感受到强烈情绪（正面或负面）的人在创造力测试中得分更高。[20]当我们感受到矛盾的情绪（正面和负面情绪在一起）时，我们会进行不寻常的联想，这可能会增强我们的创造力。[21]艰苦但有意义的工作很可能会激发矛盾的情绪。对各种情绪的包容态度有助于创造力。[22]

实验

你能回忆起最近你用困难的情绪来帮助你集中注意力的情况吗？你是否曾使用具有挑战性的情绪（如感到焦虑、激烈竞争、愤怒或沮丧）来提高你的热忱或注意力？你不太可能意识到你曾经做过这些。但回过头来看，你可能会发现你是在不知不觉中这样做的。

一个简单的例子：在新冠疫情早期，我通过阅读推特来增加我的恐惧感。这感觉很不愉快，但它帮助我坚持待在家里，并在我外出时采取预防措施。

养成应对负面情绪的习惯

刻板的习惯是每天的例行公事，比如刷牙。但习惯远不止于此。

习惯可以由时间或地点等外部因素触发。或者它们可以通过先前的活动得到提示（例如，刷完牙后服药）。

不是每个人都想要严格的基于时间的习惯或日常常规。虽然有些人因此而受益，但其他人却没有。

还有另一种几乎没有人想到的关键习惯。

你可以养成对特定想法和情绪做出反应的习惯。这种由你的内在状态引发的习惯与其他类型的习惯具有相同的特性和好处。你对相同的想法和感受的反应越一致，它就会变得越自然和毫不费力。使情绪管理变得更容易的方法就是使用内在暗示的习惯。

使用“如果……，那么……”，你就可以做到这一点。例如：

- “如果我在工作时担心写出来的作品不好，那么我会做一些我知道可以改进我的作品的事情，比如写更短的句子、更清晰的内容、更多有趣的时刻或更引人入胜的故事。我将分别在作品中的五个地方做到这一点。”
- “如果有人对我不好，那么我会努力工作，让自己拥有足够的权力和权威，这样我就不需要再忍让了。”
- “如果我对自己的工作感到厌倦，想要去海边，那么我会提醒自己，为什么我的工作很重要，并且我会通过我的勇敢让我正在做的事情变得更重要。”
- “如果我不喜欢某种做事方式并感到生气，那么我会创建自己的成功模式。”
- “如果我真的没有能力去实现我为自己设定的愿景，那么我会找人教我怎么做。”

实验

你什么时候在工作中感到沮丧、内疚、悲伤、焦虑或愤怒？为你常见的这些场景构建一个“如果……，那么……”计划。选择你将如何利用这些情绪来帮助你保持专注和完成任务。

无论你想到了什么方案，都请尝试一下，看看是否有帮助。改进你最初的想法，以找到有效的方法。这些“如果……，那么……”规则就像很小的习惯。你使用它们的次数越多，它们就会变得越自动化。当你养成应对负面情绪的小习惯时，你就是在为将来最需要它的时刻而培养成长心态。

如何处理攀比

当你看到别人成功时，你可能会反思“为什么我不能像某某人一样”。你可能会纠结于为什么你没有他们那样的魅力、机智、自律、果断、预见未来的能力、社交技能、知识的深度或广度，等等。

攀比可以激发活力。然而，这种能量有时会让你原地踏步，试图复制别人的路径或技能。你需要根据自己的技能、优势、兴趣和个性找到你自己的成功之路。

实验

你将如何处理负面攀比？请你想出一个“如果……，那么……”语句。你如何将攀比转化为全神贯注？

例如：

- “如果我在想，为什么我不能更像某某人？我会提醒自己，我对那个人为获得结果所做的工作一无所知。然后我会重新关注我是谁，我知道什么，以及我拥有的技能，从而思考在此基础上我能做什么贡献。我将专注于哪些有影响力的工作是我能做到的，而我与之比较的那个人却做不到的。”

- “如果另一个人拥有我欣赏的技能，那么我会以一种特定的方式将其应用到我的工作中。我今天就会这样做。例如，如果我想变得更有魅力，我可以在我即将参加的会议上带给同事们更多的鼓舞。”

使用小习惯和严于律己有什么区别

试图通过自我苛责来实现完美自律的人想要消除强烈的“负面”情绪。他们因为感到沮丧而对自己感到沮丧。当他们害怕时，他们会焦虑。他们甚至会被自己的生气情绪气到。

当你能做到用你的负面情绪来推动你时，你就不会因为拥有负面情绪而感到愤恨。当我心烦或焦虑时，我经常用熟悉的工作（比如写博文）来安抚自己。这感觉不像是在让自己自律，而更像是自我关爱。我允许自己回到一种可预测的工作状态。我安慰自己说，无论我有什么担忧或心结，我现在都不需要解决这些问题。当你有有效的方法来引导负面情绪时，你也会有这种感觉。你不会再受困于负面情绪，你也不需要去纠缠它们。你有了引导强烈情绪以帮助你集中注意力的习惯。当海面波涛汹涌时，它可以成为一个安全的港湾。

强迫自己去工作并不总是对负面情绪的最好回应。每个人都可以请几天假来保持心理健康，以从压力中恢复情绪，但工作同样也可以帮助你从沮丧中恢复过来。正如作家安妮·拉莫特所说，“只要关机几分钟，再重新开启，几乎所有东西都会恢复正常，包括你自己。”这样做是引导负面情绪以服务于长远目标的一种方式。有时，看似不自律的行为（休息一下）实则是非常自律的举动。[23]有时你需要休息几天，才能获得解决挑战性问题所需的思维空间。

要点总结

1.关于如何保持成长心态，你从本章中学到了什么？你期望这对你有何帮助？

2.你可以用一种负面情绪来帮助你集中注意力的方法是什么？首先选择一种情绪（例如，担心、愤怒、内疚、沮丧），然后概述如何利用它来提高工作效能。

请注意，如果这些问题让你觉得具有挑战性，那是因为它们确实具有挑战性。即使你是一个聪明人，并且已经仔细阅读本章，你也可能需要重新浏览本章或仔细考虑你的想法，才能做出回答。

第5章 如何成为了解自己的科学家

如前所述，如果大部分选项为A和B，意味着你可以略读本章。如果你的选项主要是C和D，请详细阅读本章。

测验

1.考虑你典型的工作周。你知道你在哪些任务上花费了多少小时吗？

（A）我关注过这个问题，所以我知道得很准确。

（B）我有粗略的概念。

（C）我可以估算一下，但我觉得我的估算会很不准确。

（D）如果我真的关注这个，我会很担心我将看到什么结果。

2.你有没有注意到，你什么时候比平时更有创造力？

（A）是的，当我发现不寻常的问题解决方案或当我更容易接受不同的观点时，我会注意到。我设计我的职场生活，来创造这些条件。

（B）我知道我什么时候更有创造力（例如，当我尝试新事物、与新搭档一起工作或感到脆弱时），但我不会刻意创造这些条件。

（C）如果我有一个创意，我会欣喜若狂，但这似乎是随机发生的。

（D）我没有看到创造力与我的角色相关，所以我没有关注它。

3. 你的生产力规律中，有没有让你感到吃惊的一些方面？

（A）当然有。我如何最高效地工作并不总是符合传统智慧。我根据自己的知识来调整期望。

（B）我知道我的高效生产力规律，但如果它们与传统智慧不同，我就不敢相信它们。

（C）我只遵守我听说过的规律。我没有注意到可能与常见的生产力理论不同的模式。

（D）我甚至都说不出来我的生产力模式是什么。

4. 你明白你的行为是如何相互关联的吗？例如，从事创造性工作可能会让你想做更多的体育锻炼（因为你需要平衡）。

（A）是的，我甚至注意到一些可能会让其他人感到惊讶的联系。我善于利用这些联系。

（B）我意识到有联系，但我不确定原因是什么，以及会导致什么结果。

（C）我要么在生活的各个方面都处于高效能模式，要么在任何领域都处于懒惰模式。

（D）我从来没有想过这个问题。

5.你能从生活中的某些偶发事件中学到什么吗？例如，生活中的一次被迫或意外的改变，或者一个不利事件，却导致你爆发出令人惊讶的高效能。

（A）当然，经常。

（B）也许一年一次或两次。

（C）我可能会短暂地注意到这一点，但我不会将其转化为我的个人机制。

（D）没有。

在本章中，你将理解一些习惯的组合有助于你提高工作效能，并学习如何通过科学的自我认知来理解它们。

在阅读时，请记住专注的工作和有可能产生影响的工作之间的区别。如前所述，专注的工作本身并不重要。仅仅是专注于工作，而没有特定的方向，可能会让你变得执着于增加放在专注工作上的时间。但是，如果你没有更有价值的目标，那么所有的努力都会投入到不太可能对你的生活有太大影响的工作中。你关注什么，才是最重要的！请你专注于可能在一年后对你的人生产生潜在影响的重要工作。

好，现在既然你心中有了最终的奋斗目标，是时候转向审视你的内心了。你对自己的大部分有用见解都得益于成为一个敏锐的观察者。我称之为裸眼观察。这是你尚未充分利用的最有效的生产力提升工具。它包括观察你的想法、感受和行为，以学习如何成为最好的自己。

你还需要一些工具，来了解你的肉眼遗漏了什么东西。我们将使用自动化自我追踪的办法来强化你的裸眼观察（我们将使用的核心方法）。这将帮助你了解生活的各个方面是如何关联在一起的，并从不同的角度观察你的行为。

了解自我的科学可能不是你热衷的事情。它们大多涉及大量的数据跟踪和挖掘。你可能厌倦了我们以指标为导向的文化。或者你讨厌把自己当成机器人对待。这是可以理解的，这就是为什么我倡导的这种方法比你想象的要有趣得多。我不建议你手动跟踪任何东西，因为没人有这样做的动机。我也不建议你每天甚至每周都查看你的数据。

糟糕的了解自我的科学的危险

对健身追踪的研究表明，很多人在六个月后就放弃了日常追踪。[1]如果对特定指标过度监控和过度关注，就会产生问题。人们可能会变得过于受指标驱动。他们忽视了该指标不能完美地代表他们更重要、更有意义的目标的现实。人们开始以提高指标而不是追求目标的方式行事。

有一个有趣的故事。我曾经计算过我每周去健身房的次数。因为我只计算我去的天数，于是为了凑数字，我在晚上8点40分走进健身房，而它在晚上9点关闭。如果你曾经是指标的奴隶，你就会知道你什么时候为了满足指标而进行了过度优化，并且失去了对更有价值目标的追求。

如果自我追踪做错了，你几乎不会获得任何有用见解，反而会让你很痛苦。正确的自我追踪只需要稀疏进行，并个性化你追踪的指标。遗憾的是，那些经常追踪自我数据的人往往很难从中获得深邃见解，这种努力没什么意义。你不必每天查看你的股票投资组合，你同样也不必每天查看你的效率数据。

本书提供的自动化自我追踪可以快速生成有用的见解。关键不在于它会解开关于你的每一个重大谜团，而是在于你能很快获得一些有用的见解。当你将这个办法与其他观察和反思结合使用时，你将对自己有一个更全面、更准确的了解。

科学总是能提供很多惊喜。了解自我的科学也不例外。你会掌握一些你意想不到的关于你自己的见解。请对这些见解持开放态度，包括当你预期的规律模式并未反映在你的数据中时。例如，传统的时间管理建议（例如减少处理电子邮件的时间）对你做了多少有影响力的工作并没有多大影响。

为什么了解自我的科学（有时）可以为你提供比一般性建议更好的信息

你有时不必依赖一般性建议来确定你应该做什么。举个例子。无数文章试图告诉你，在休息之前应该工作多长时间。然而，这是你可以（并且应该）自己测试的东西，以找出更适合你的方法。

令人沮丧的是，一般性建议经常缺乏细微之处的考量。即使是合理的效率原则，如果僵化应用，也可能有问题。例如，在达到一个阈值之前，你可能会从坚持一个习惯中获益。而超越此阈值之后，如果还僵化地坚持习惯，那可能导致有害结果。研究并不总能发现微妙的规律。但是你可以，途径是了解你自己。

了解自我可以帮助你理解，为什么采纳一般性建议实际上非常复杂。一个让我震惊的个人观察是，当我按照计划过完一周之后，我感觉索然无味。客观来说，我应该有很大的成就感才是，但我没有。即使我有充足的休息时间，并热爱我正在做的工作，但过分遵照工作日程让我感到不愉快。另外，我注意到我并不喜欢被大肆宣扬的“心流”状态。我不喜欢从浑然不觉的连续几小时工作中“醒来”的感觉。尽管有时我愿意做出这种选择，但并非总是如此。

正如研究表明的那样，习惯对我有用。习惯使坚持常规变得容易。不幸的是，它也有意想不到的负面后果。处于自动驾驶状态会使我的心情变得平淡无趣。我的“电路”和你的“电路”不一样，所以你可能会有截然不同的体验！我的观点是，人类是复杂的。更重要的是，仅仅依靠心理学的一个分支领域，例如习惯研究，就制定一套适用于所有人生活和工作的通用模式，这样做是不可取的。

最后，你自己的数据可能比别人的数据更能说服你。你可能需要看到数据中反映的模式，才会被说服做出必要的改变。总而言之，结合已发表的科学研究、自我科学以及你从他人那里获得的见解，才能为你带来最佳的结果。

自我观察如何帮助你完成具有挑战性的工作

通过自我观察，你会发现什么有助于你保持习惯。你可以系统地研究你的行为和情绪，但大多数人没有精力或意愿这样做。通过了解自己，你可以用一种艺术多于科学的方式来帮自己保持习惯。例如，静静观察你的生产力模式（你的行为）：关于高效能的常规性建议是否适合你；在一周里，你什么时候准备好迎接挑战，什么时候不是这样；什么影响了你的注意力；以及你的想法和情绪是什么。

展示此办法之潜力的最佳方式是通过示例。以下是对我的工作方式产生巨大影响的五个观察结果。你的观察不需要惊天动地。它们只需要与你个人相关。当你通过观察而学习，你会明白这对于充分了解你自己是多么必要。你不能完全依赖于理解一般科学知识或其他人的系统来了解你自己。

我有以下几点发现。

观察1

令我惊讶的是，我开始工作时的情绪状态对我的工作质量影响不大。

我可以专心写作大约两到两个半小时。无论在开始时我是感到专注还是分心，是快乐、平淡还是焦虑，我都能做到这一点。在这一点上，我已经习惯了在这么长的时间里专注于写作或阅读。我的情绪不会对此产生负面影响。

当我感到沮丧或脆弱时，我会工作得更好。当我感到焦虑或悲伤时，我的作品有时会更具有同理心。我在写作中更大胆，把我的想法表达出来，而不是仅仅总结研究结果。

这种观察帮助我不再害怕这些情绪。

具有讽刺意味的是，一直对我的注意力产生负面影响的一种情绪是兴奋。

观察2

在我投入深度工作之前，我可以在早上花大约一个小时处理琐事，而不会影响我一天能完成的深度工作量。[2]

这种观察使我不再那么讨厌行政事务，也不再担心它们会妨碍我更重要的工作。如果我计划在深度工作之后做这些琐碎任务，我通常会因为太累而做不成，所以事先处理琐事通常会更好。

观察3

我写的大约是我发表的两倍。如果我想发表1000字，我需要准备写2000字左右。

接受这一点帮助我减轻了压力。

观察4

如果我在一项工作的早期被打扰，我可以迅速恢复注意力。如果我已经工作了一个小时或更长时间，然后被打扰，我就很难重新集中注意力。我可以强迫自己在剩下的时间里聚精会神，但想做到这一点会很难。

奇怪的是，这也有例外。如果打断我的是我五岁的孩子，我过后通常可以重新集中注意力。我知道她打扰我是因为当我埋头工作时她想念我。如果我的配偶打扰我，我会非常生气，因为这种侵扰是轻率和不够体贴的。和受到打扰相比，生气更让我难以再次集中注意力。

正如你可能猜到的那样，这有助于我在被打扰时控制自己的情绪。此外，在工作的后半段，我尽量保护自己免受打扰。

观察5

超过我正常的两到两个半小时工作时长之后，我的写作水平就下降了。我滔滔不绝写下一些糟糕内容，后来还是要删掉。

强迫自己长时间写作对我并没有帮助。

实验

你对自己的生产力规律了解多少？像我一样花十分钟写下一些要点。你可能已经对自己有所了解，但没有信心围绕这些观察结果构建你的工作习惯。请写明为什么每个观察结果都很重要。你对自己独特规律的洞察如何帮助你提高工作效率？通过回顾你对自己的了解，你可以专注于学习新的见解，并让你的知识指导你如何安排你的生活和期望。另外，记下你想回答的问题或你的假设。

重　要！

在观察你的生产力模式时，请确保不要将生产力等同于你工作时顺畅无阻的感觉。例如，当人们在多元化的团队中工作时，工作会感觉更具挑战性，但最终完成质量往往更高。[3]感觉轻松的工作往往产出不高。

如果你在一天里全神贯注完成熟悉的任务，那可能会感觉这是富有成效的一天。实际上，它可能不如你花一个小时完成一项新任务的那一天那么有成效。即使你在这一天的剩余时间里都感到心烦意乱，你仍然可能会遥遥领先。从事艰苦、创新、违反直觉的工作常常让我们感到紧张。

请确保你的自我观察没有被动机型认知（motivated cognition）或确认偏见所干扰。你的一些观察结果应该会让你感到惊讶，或者是看到你不希望看到的模式。对于你观察到的每种模式，在确定一个解释之前，请考虑多种解释。例如，我注意到当我喝电解质水时，我的注意力集中得很好。也许喝电解质水可以帮助我更好地集中注意力。但原因也许只是水本身，而不是电解质水，我喝电解质水是因为它的味道更好。也许电解质水有效是因为它暗示了我的某个深层工作习惯（我在下文中会详述）。也许我只是在某个截止日期前喝的电解质水，而截止日期有助于我集中注意力。一旦你认为你已经确认了一种模式，请留意任何不符合你的解释的数据。我仍然在修改对我的模式的解释。最初得出一些错误的结论，然后需要修正你的想法，这是正常的，但重要的是你不要盲目地坚持错误或不完整的想法。你要知道，了解自己是很难的事情。

只需要一周左右的时间，你应该就可以从自我观察中获得一些有用的见解。但是，如果你在感受到强烈的情绪或压力很大的时候，或当你拖延的时候，不断试图了解自己，你就会获益更多。写下你的观察结果将帮助你记住它们。确保你注意到洞察力如何帮助你，就像我在我的例子中所做的那样。备选方案：如果你不想写下观察结果，请录制自己谈论它们的视频。

跟踪你在计算机前的活动

很抱歉，这部分不会与所有读者都相关。它适用于在计算机前度过工作日的读者。

要尽可能彻底地了解某人，你应该通过不同的视角来观察，以获得最完整的画面。例如，当心理学家了解客户时，他们通常会采访他们，对他们进行问卷调查，观察他们，也许还会与了解他们的其他人交谈。

当你试图了解自己时，同样的原则也适用。为了最全面、最准确地了解自己，你应该通过尽可能多的视角来审视自己。其中之一是我们已经介绍过的自我观察。另一个选项是自动化自我追踪。在现代社会里，要了解人们如何使用时间，有一个好方法，那就是查看他们在计算机前做了什么。指标可以帮助你看到肉眼看不到的模式。但重要的是你不要将此视为监视。你这样做不是为了打击自己。

我使用RescueTime应用程序的免费版本来跟踪我在计算机上花费的时间。我让RescueTime在电脑后台收集我的数据。当我对工作流程有疑问时，我（非常）偶尔会深入研究这些数据。

我从RescueTime中学到的东西让我感到惊讶，并改变了我提高生产力的策略。我的数据显示，我几乎总是在周一和周二集中注意力。在那些日子里，我无须特别努力就可以全神贯注。

我的工作效能在周三下降，到周五变得更糟。虽然我自己也能猜到这一点，但我对这种模式的鲜明程度感到震惊。值得庆幸的是，数据还揭示了一个以前我从未注意到的解决方案。我意识到我不需要在每周的开始就自我监督，这让我松了一口气。我需要策略，以便在周三到周五我更加疲劳的时候保持专注。

我知道，我不需要什么策略来帮我在周一和周二全神贯注。这让我更容易提高我的注意力。当你查看你的数据时，尝试找到类似的能帮助你改善生产力的点子。

自我追踪的目标应该是学习一些让你感到惊讶的东西，减轻而不是增加压力，并提供明确的行动方案。这应该是你的重点，而不是机械化地优化你工作日的每一分钟或彻底改变自己的时间管理。

实验 1

下载RescueTime，并让它追踪你一个月。隔几天检查一下，以确保所有数据都被妥善收集。一旦你有了至少整整两周的数据，就可以开始研究了。

RescueTime让你可以从每小时、每天、每周、每月和每年的角度查看你的数据。你还可以查看你从事特定活动的所有数据，例如你查看电子邮件的总时间。你应该像探险家一样处理你的数据，并对它揭示的内容持开放态度。以下这些问题可以为你提供一些线索。

- 你各项活动的耗时情况是什么样的？哪些主要活动占用了你80%的时间？哪些活动占用了你剩下的20%的时间？你每周在每项核心活动上花费多少时间？
- 你在数据中观察到的每个星期中的各个工作日的模式是什么样的？
- 你一天中各个时段的生产力模式是什么样的？
- 你对不同活动的注意力时长有多长？如果你想要制定详细日程表，这可以帮到你。
- 哪些数据让你感到惊讶？例如，你花在社交媒体上的时间是否比你想象的要少？
- 在特定时间段，一般而言你都是高效的，但也有例外。什么地方出了错？怎样才能避免？
- 审视你一次全神贯注的工作。查看详细的每小时情况，以了解你在那段时间内做了什么。你有没有分心？分心的状况呈现出什么规律？例如，在你第一次分心之前，你聚精会神了多长时间？你分心是出于习惯，还是因为需要放松一下？

- 你有大脑宕机期吗？也许你每天午饭前30分钟筋疲力尽，在那段时间什么都不做。
- 你是否有很多不到一个小时的短小时间段，无法开始任何实质性的工作？

实验2

根据你的追踪数据，想出一个可行的点子。

从投资回报的角度来看待你花在查看自我追踪上的时间。假设你花了20分钟来挖掘你的数据。你获得的洞察力也许使你每周增加了20分钟专注工作的时间。你在一周内就收回了投资。如果你为如何选择你的任务开发了优秀的系统，就没有必要不断地衡量结果。

如果你愿意让RescueTime继续收集你的数据，请将其保持打开状态。让它在电脑后台继续运行，你将获得长期可用的数据，这将给你一个独特的视角和新颖的见解。

自我追踪的正确态度

想象一下苛求自己的人可能采取的自我追踪方法。他们会留意自己所有的不完美之处。他们会抱有不切实际的期望，认为自己会始终准确无误。他们会回顾自己最美好的一天，然后认为每一天都应该如此。生活不是这样的。人有起起落落。

在了解自己时，你应该像心理学家评估客户那样。你需要准确的信息，以便制订合理的计划。你这样做不是为了和自己作对。

不要混淆症状和原因

与流行的看法相反，你在试图了解自己时，不应该专注于如何减少花在分散注意力的网站和应用程序上的时间。

我们都有过一种体验，我们沉浸在一个引人入胜的活动中，并意识到我们已经好几个小时什么都没干了。像使用社交媒体这样的行为往往更多的是一种症状，而不是导致效率低下的原因。例如，当你回避艰深工作时，你可能会使用社交媒体。也许你没有做好进行此项工作的准备，这让你感到很不舒服。你缺乏进行艰深工作的准备，这才是问题所在。

当我们做困难之事（或甚至是考虑去做）时，它会唤起我们想要逃避的内心体验。这类似于新手锻炼者在情绪和身体上都会感到不适。新手锻炼者不习惯这种努力锻炼的感觉。他们对自己的身体缺乏信任。这种经历会引发一些念头，比如“为什么我做不好？为什么我让自己的体型变得如此难看？”或“我要是16岁，做这个就容易得多了”。

行为的锁和钥匙模式

此模式将帮助你解决你一直无法改变的顽固模式。

把你的行为想象成锁和钥匙。人类行为的混乱之处是你不知道哪个行为是锁，哪个行为是钥匙。例如，整理你的房子可能会给你一个新的开始。你可能需要这种干净状态，以便你开始养成每天在同一时间专注工作的一贯习惯。在这个例子中，整理是打开专心工作之锁的钥匙。

或者，当你开始养成专心工作的习惯时，你可能会发现自己有整理物品的冲动。在精神疲惫之后，你可能会想做点清洁工作，以此来放松一下。在这种情况下，专心工作是打开减少生活中混乱的锁的钥匙。

自我观察的一个有趣的方面是，你观察到有些行为会改善其他行为，尽管你没有设定这个目标。

我本可以设计一个系统来帮助我更好地确定优先级。事实证明我不需要这么做。我有强大而深入的工作习惯（在每天的两个时间段里写书），这毫不费力地解决了我在确定优先级方面的大部分问题。在这两个时间段之后，我几乎没有精力了。因此，我任由更多的中小型机会从我身边溜走，它们本来就不应该是一个优先事项。（正如我之前所说，如果我工作太久，这种工作模式也会让我感到乏味，所以它很复杂。你可以预料到，你的情况也会很复杂！）所以在这种情况下，我的专心工作时段是解锁我的优先排序等级系统的钥匙。

这种影响并不是独一无二的。一般而言，当你在一个领域养成了很强的好习惯时，它会同时在其他领域帮助你。例如，当人们锻炼时，他们会在生活的许多不同领域有更好的状态，即使他们没有刻意设定这种目标。[4]如果你仔细观察自己，你可能会注意到，当你定期锻炼时，你会变得更有条理。这些是你可以通过观察而洞悉的规律。我注意到，全神贯注做创造性工作让我渴望身体锻炼。我需要解压。对我来说，专注工作是打开更好的优先排序等级系统和更多身体锻炼的钥匙。

如果你在自我调节的任何方面遇到困难，请考虑一下：

对你来说，它可能是一把锁，而不是一把钥匙。你可能需要用另一个习惯来解决它。我曾经认为，更好地确定做事情的优先等级是一个关键，我需要直接将其作为目标，以获得各种收益。事实证明，我错了。那是一把锁。一种行为对你来说是一把锁，却可能是其他人的一把钥匙。

当你观察自己时，注意你的一个习惯会如何影响其他习惯。

实验

请关注以下这些有关生产力的问题：

- 无法解决的问题。
- 你使用复杂的或惩罚性的计划来解决的问题。
- 你制订了计划来进行改变，但从不坚持这些计划。

现在转换你对这些问题的看法。与其将其视为解锁其他好处的钥匙，不如将其视为一把锁。找到另一个你可以更容易瞄准的习惯，它会毫不费力地为你应付（不一定完全解决）这个问题。

如何养成专注工作的习惯

每个人都需要养成好习惯，以便从事具有挑战性、需要全神贯注的艰深工作。这可能是永久性的习惯，或者是在某个项目期间或生命阶段坚持下来的习惯。

你可以用很直接的方法来解决此问题。如何做呢？通过建立例行程序。每次都以相同的方式来提示例行程序的开始。[5]例如，当我开始写作时，我在我的谷歌网页上设置了三个计时器，分别为60、90和120分钟。我和我的孩子简短聊天，喝点水，然后坐在同一个地方，准备好开始工作。如果你每个工作日都（近乎）坚持执行相同的例行程序，几个月后就会开始感觉不那么费力了。当生活的其他方面超出你的控制范围时，你的习惯将成为你可以依靠的安全空间。

为了提高习惯的韧性，请创建一个后备方案，以应对日常例行程序的失败。例如，如果我忘记了设置计时器，我会在谷歌文档上查看文稿的修订历史，看看我是什么时间开始工作的。这样，我仍然可以确保完成任务，而又不会过度工作。

仅在你真的要致力于专注某项工作时才使用例行程序。这样，这个触发器就只与专注工作这个行为产生关联，从而加强了这种联系。（例如，有些歌曲我只有在长跑时才会播放。）

你可以从自然实验中获得的见解

你可以尝试在一周晚睡，而在另一周早睡，以此来衡量早睡对你的工作效率的影响。或者你可能想对比早上锻炼和晚上锻炼的不同效果。真正的实验通常指的是你有意改变特定行为，并尝试分析其影响。

实际上，大多数人都不愿意做这么大的努力。另一种选择是通过自然实验来学习。自然实验给你另一个视角来观察你的行为，就像自我观察和自我追踪一样。事实上，数量惊人的科学发现都是偶然产生的。例如一种药物出乎意料地医治了另一种不相关的病症。

自然实验可以是偶然的，也可以是强制的。强制实验是指外部环境迫使你改变行为。它也可能带来完成工作的新方法。

2004年，伦敦地铁工人罢工。这导致一些（但不是全部）车站被关闭。相当一部分通勤者不得不修改自己的上班路线。令人惊讶的是，经济学家估计这些新路线间接创造的价值超过了罢工造成的损失。[6]

强制实验比你可能意识到的更为普遍。例如，当与你密切合作的某人离职时，这就是强制实验。与陌生人一起工作，这也是一种实验。它通常需要你检查你的工作流程。如果你持开放态度并且善于观察，那么它可以给你新的见解。一个新队友对你感到失望？这可能揭示了你忽略了的工作效率低下。强制实验可以帮助我们重新审视我们的工作方式并做出改变，而我们之前不曾意识到需要做出这种改变。

你可能已经注意到，这些要点与本书之前的一些内容相吻合，那就是打破常规如何促进新思维。做一个有开放心态的观察者，这可以帮助你将干扰转化为机遇。要获得所有这些好处，你需要善于观察和自我反省。你需要关注差异并推断因果关系，然后将你的见解转化为新的例行程序。

实验

在接下来的几个月里，请密切关注一项自然实验，看看你能从中学到什么。

观察你何时最有创意

了解哪些事务可以提高你的注意力，这是理解什么可以帮助你提高工作效率的一个基本方面。观察是什么让你更有创造力，这将使你能够设计出更多塑造成功轨迹的关键时刻。要衡量你何时处于创造性状态，一个很好的标准是记录你观察到新事物的时间。这里有些例子：

- 你在每天散步时注意到以前从未关注过的事物。
- 你对自己、他人或某个话题的看法发生了变化。
- 你看到了现有技能或知识的新应用。
- 你以前所未有的方式认识到他人的知识或观点的价值。
- 你突然发现了一个棘手问题的解决方案。
- 早上醒来时，你会自然而然地对工作中的问题有了新的见解。
- 你变得对你曾经强烈抗拒的解决方案持开放态度。
- 模糊的思路变得清晰起来。

每当你有比平时更多的创造性见解时，发生了什么事？你做了哪些不同寻常的事情来促成它？

留意任何提供清晰、实用的行动方案的观察结果。它不需要很花哨。

我注意到，如果我允许自己在起床前躺在床上休息（不要伸手去拿手机），我能够经常收获新想法。所以我知道，我醒来后应该在床上小憩五到十分钟。这是我的观察所指向的明确、可行的行动。我还注意到，如果我在工作中卡壳或疲于应对，我几乎总是可以通过周末休假来解决这些问题。

当我在周一精力充沛时，在周五感觉难以解决的问题突然有了简单明了的解决方案。

散步，尤其是在大自然中散步，已被证明可以提高创造力。在极端情况下，四天的背包旅行竟然将创造力测试的分数提高了 50%。[7]实际上任何能让你的大脑在后台工作的活动，比如粉刷栅栏或修剪草坪，都应该在一定程度上奏效[8]。请观察一下，这是否适用于你。

如果你现在不能解决所有问题，没关系的

如果你没有立即想到解决所有生产力问题的方法，请不要惊慌。本书的其余部分会帮助你找到创造性的解决方案。你在本章该做的是评估整体情况。

要点总结

1. 这一章有哪些让你吃惊的内容？你是否了解了了解自己的潜在好处，而在此前从没有考虑过这一点？

2. 你计划如何利用这种洞察力？

别瞎忙了！
告别忙碌而低效的人生

第二部分

效率与习惯系统

恭喜！你现在已经到了本书的第二部分。这一部分阐述如何建立有效、高效、可重复的系统，这有助于提高生产力。另一方面，这不是万能的。因此，为了对其作用有更现实的看法，让我们揭穿关于效率的一些神话。

误区1：高效会减少忙碌

你对本书感兴趣，可能因为你已经超负荷运转了。人们通常将提高效率视为解决方案。这是一个诱人的想法，但在很大程度上是错误的。高效可以帮助你成功，但它不会让你不那么手忙脚乱。为什么呢？高效率通常会让人变得更忙。[1]例如：

- 你写的电子邮件越多（包括你发送的回复），你收到的电子邮件就越多。
- 我为博客撰写文章的效率越高，我被约稿的次数就越多。我变得更忙了。
- 房地产商的效率越高，项目就越便宜。有了较低的成本，更多的项目将盈利。因此，这个人可能会做更多的项目。

效率低下可能是一些人用来减少工作量的无意识防御策略。奇怪的是，工作量减少会加剧低效率。然而，副作用是它会破坏你的成功。

有一种方法能让你在变得高效的同时减少工作量。怎么做呢？消除不必要的紧急任务。我在我的上一本书中介绍了这个主题，所以我在这里只会总结一下。简而言之，使用批处理和冗余等策略。例如，配一把备用钥匙。如果你丢了钥匙，就不用急着去找。手头备有额外的用品，这样你就不需要跑到商店去买一件东西，比如说你某天需要一个信封。授权他人做出决定，而无须征求你的意见，这也可以减少不重要的任务。将这个原则广泛地应用到你的配偶和孩子身上。如果你为人父母，你可以努力帮助你的孩子学会独立玩耍。[2]

紧急任务不利于保持良好的习惯。你越少处理相对不重要但紧迫的任务，就越能专注投入工作。你可以建立自动化的惯例，而不必担心你的习惯被打乱。

通过有条不紊的惯例和授权来减少你的紧急任务，这会形成一个良性循环。你的紧急任务越少，你手忙脚乱的时间就越少。你的生活越是井井有条，你就会越有活力和头脑清醒。你将有精力变得更有条理。

综上所述，要避免疲于应对，最关键的解决方案是采用更好的（实际和情感上的）策略来处理具有挑战性的任务。在本书中，你将学到这些。

误区 2：速度总是很重要

如果你可以更快地完成所有事情，你认为这是好事吗？如果你认为是，那其实是毫无意义的压力。

与工作速度相比，你所做的事情对你的工作效能的影响要大得多。你划船的方向比你划桨的狂热程度更能决定你最终会到达哪里。

当工作特别有意义时，速度一般并不重要。在宏伟的计划中，即使将完成任务所需的时间加倍，也可能无关紧要。如果你正在做的工作足够重要，那么你在两小时或四小时内完成，还是在六个月或十二个月内完成，通常并不重要。当然，有时候可能重要。如果你是运动员，速度很重要，半秒是第一名和最后一名的区别。大多数时候，重要的是你是否做某事，而不是你做得多快。人们有时候认为速度很重要，因为先发优势，如首先将产品推向市场的人将是最成功的。然而，许多时候先发优势被高估了。[3]第二位往往并不意味着不那么成功。

速度对于效能中等的任务比对于高效能的项目更重要，这是一个一般性规则。如果一次房屋转卖将赚取1.5万美元的利润，那么快速完成这项任务就变得非常重要。如果它能让你赚到10万美元，那速度就不那么重要了。工作得更慢，这会增加成本。但对于高效能或非常有意义的任务来说，速度无关紧要。

如果设立最后期限有助于为你在一项任务上花费的时间设定界限，确保你不会让事情过于复杂化，那么最后期限可能会很有用。它可以创造有用的压力。但是，当你同时面对短期限和长期限的任务时，这会严重破坏你确定优先次序的方式。我们将在第7章探讨所有这些问题。

更快地做一些事情，这会腾出一些时间，但你不应该自动假设说，你需要快速做所有事情。有很多人在从容不迫的情况下完成了出色的工作，例如苏珊·凯恩花了七年时间写出了她的畅销书《安静：内向者的力量》。[4]不要让自我强加的要快速工作的压力使得你无法进行创新性或影响深远的工作，如果你只能在缓慢而低效工作时才能完成这种任务的话。

误区3：偷懒是效率的最大敌人

对大多数人来说，有意义工作的头号敌人不是偷懒，而是消耗你所有的精力来做效能一般的工作。

当我们无所事事时，我们会意识到自己不是在工作。另一方面，低下和中等效能的工作提供了心理安慰。它帮助我们保持一种舒适却又错误的成就感，但这伴随着巨大的机会成本。它剥夺了你做更有影响力工作的机会。

如果你只做效能平庸的工作，那么你需要做大量的工作才能取得成功。在这种压力之下，你将没有精神空间和空闲时间来走神和减压，因此就很难构思和设计有影响力的项目。它变成了一个恶性循环。

本书的第三部分提供了许多关于如何使你的工作更具影响力的技巧。

总结：你要认识到效能可以和不能帮助你的方式，这是很有用的。秉持现实的观点，如果变得更有效能并没有减少你的忙碌程度，你就不会失望。或者，如果快速完成效能平庸的任务并不能使你的工作产生太大影响，你也不会失望。通过系统性地处理任务，你可以变得更加成功，但你的目标不必是快速完成所有事情或始终专注于工作。

最后，不要因为生活中的低效而对自己太苛刻。事实上，宇宙有阴阳之分，生活也在简单和复杂之间交替。

想象一下，你住在一个步行即可到达工作场所的小公寓里，从而简化了你的生活。但是，随后会因为生孩子而使情况复杂化，这意味着你必须搬家，因为你需要更多空间。

或者你拥抱极简主义并减少自己所拥有的物品，但随后从事了一个需要很多工具的大型DIY项目。

请你尝试接受一点，那就是在简单和复杂之间交替是生活的一部分。想象一下，过于简单化的生活会有多无聊！接受人性的这一方面会降低你对自己效率低下的挫败感。出乎意料的是，这可以让你更愿意处理这个问题（因为这样做不会引发太多的不愉快情绪）。

在第二部分的章节中，我们将介绍创建有效的、可重复的流程，这些流程甚至适用于新任务。我们将解决优先次序、拖延症和抗拒行为改变的心理阻力。

第 6 章
建立可重复使用的有效流程

如前所述，如果大部分选项为A和B，意味着你可以略读本章。如果你的选项主要是C和D，请详细阅读本章。

测验

1.你有多少次在完成一项任务后希望自己能更系统性地处理它?

（A）很少。我有很好的工作流程。

（B）偶尔。

（C）有时候。

（D）经常。我周围的人希望我也能有系统性地做事情!

2.你是否有适合你的可重复的成功模式?

（A）是的，我有一个合适的系统性方法来妥善利用我的能力。

（B）我有，但我其实本可以更好地定义我的利基或成功模式。

（C）我有完成小任务的模式，但我不觉得我有成功的模式。

（D）即使我有，我自己也没有意识到。

3.在开始一项不熟悉的任务之前，你是否考虑过不止一种方法？

（A）总是。在开始之前我会暂停一下，并考虑我可以采用的不同方法。

（B）有时候。

（C）很少。

（D）从不。

4.你是否因为压力大而讨厌不熟悉的任务？

（A）不，我有很好的策略来处理不熟悉的任务。

（B）有一点，但我能勉强应对这些任务。我通过试错法偶然发现了策略。

（C）我觉得新任务压力很大，但我不会过度推迟它们。

（D）是的。如果我没有现有的系统来完成某项任务，我会避免从事这项任务。

5.当你创建一个新系统时，你会自动考虑如何重复使用该系统的元素来完成其他任务吗？

（A）是的。

（B）有时候。

（C）很少。

（D）不，我只是很肤浅地思考过我的系统。我不考虑那些也许可以适用不同任务的原则。

本章将指导你创建可重复使用的流程。一小部分内容与金钱和被动收入有关。拥有可改善财务状况的可重复使用流程，是你解放自己以提高工作效能的主要方式之一。虽然这不是一本关于创造被动收入策略的书，但减轻自己的赚钱压力对于放眼大局很重要。当你有赚钱压力时，它会造成很多紧迫感和低效能。

然后我们将转移注意力。我将帮助你学会识别可重复使用的、也许是偶然发现的高效能策略，你可以在其他环境和项目中重复使用它。最后，我们将深入探讨如何创建可重复使用的系统来处理陌生任务。

金钱的压力

如果你没有闲钱，就很难感觉有任何喘息的空间。大约60%的成年人表示缺钱和工作是压力的重要来源。[1]

如果你在财务上捉襟见肘，那么它会成为你生活的额外负担。想象一下，有足够闲钱作为安全垫的人可以设置所有账单的自动付款，而不用担心自己没钱付账。他们采用可重复使用的流程（自动付款）来缓解压力。他们与另一些人形成了鲜明对比，那些人需要临时处理账单，否则银行账户上就没钱了。如果缺乏自动支付账单、批量购买物品等的闲钱，就会导致更频繁地处理紧急任务。如前所述，当你没有被无穷无尽的紧急和短期任务所累时，会更容易认真工作。

金钱焦虑不仅仅是个人压力，它也是人际关系层面的压力。缺乏共同的金钱目标和价值观，这会造成人际关系破裂。不仅如此。涉及金钱的分歧和不信任会削弱你的能力，让你无法将人际关系作为你成长的安全垫。

关于金钱的情绪和信念

金钱是一个情感雷区，人们对它怀有强烈的情感。有些人对自己犯下的金钱方面的错误感到羞耻和后悔，有些人崇拜金钱，其他人将金钱与贪婪和不公正联系在一起，甚至厌恶它。

我不认为被动收入可以让你成为比现在更好的人。历史上破产的伟大艺术家仍然是伟大的艺术家。本节只是让你的道路顺畅一些，消除你的金钱压力。

赚了大钱的人往往是光环效应的受益者。[2]他们的一切都被欣赏，因为他们以这种方式取得了成功。如果你破解了被动收入的密码，你也将获得特别耀眼的光环。光环效应让这些人看起来与你迥然不同，尽管实际上没那么不同。如果你没有取得与他们同样的成就，你可能会感到低人一头。

关于金钱的探讨对不同人的影响不同。假设一群人都读了一篇关于占人口比重1%的富豪的文章，有些人对此兴奋不已，他们没有思考这背后有什么问题，他们的大脑沉迷于追求金钱的“目标”。

而对于其他人来说，阅读同样的文章会激起他们对系统性不公正和失败的社会体制的思考。当人们将积累金钱与不公正联系起来时，关于创造被动收入流的实用技巧就失效了。由于人们对金钱的负面看法并非毫无根据，因此承认这一点至关重要。

实验

请你阅读下面这篇短文，反思你对它的情绪反应。没有所谓的正确答案，但它应该可以帮助你了解你对金钱的情感和信念。如果你是中产阶层，你可能在以下两种类型家庭中的一种中长大。这些家庭可能反映了你目前的情况。

两户人家是同一条街上的邻居。两家都拥有自己的房子。对于史密斯一家来说，他们的房子和汽车几乎是他们所有的财产。他们缴纳微薄的退休基金，背负着各种形式的债务。他们要偿还房贷、汽车贷款、信用卡和学生贷款。

另一个家庭，卡特家，可能有类似数目的收入，但是他们是隔壁的百万富翁。他们无须偿还债务。他们有投资。他们做出的选择与史密斯一家略有不同，但最终的处境截然不同。

卡特一家获得了先发优势。与史密斯一家不同的是，他们大学毕业时并没有负债累累，因为他们通过当高尔夫球童获得了奖学金。他们从自己的父母那听说了这个不寻常的机会，因为他们的父母小时候也干过同样的事。

决策、习惯和机会把握方面的细微差别长期下来会导致结果的巨大差异。决策中的一些差异与特权有关，并不是每个人的家庭关系都能让他们听说过这种不寻常的奖学金。

有些人有金钱方面的心理创伤。比如那些有高额学生贷款的人，或者家族在金钱方面曾有麻烦的人，他们会形成复杂的金钱信念。钱少的史密斯一家在潜意识中在避免积累金钱。在某些方面，他们将金钱视为罪恶之源，并认为积累超过一生所需的财富是贪婪的。处于类似位置的另一个家庭可能将金钱与地位等同起来，并用透支性开销来宣扬这种地位。隔壁的百万富翁卡特一家则不太可能怀有这两种信念。[3]

改写你的金钱信念

在开始实施改善财务状况的实用策略之前，你可能需要先调整你的心理。如果你之前听过很多关于金钱的建议，但没有采取任何行动，那么你对金钱的核心信念可能就是原因。

几乎每个阅读本书的人都会有与金钱相关的情感包袱，几乎没有人能幸免。

实验

你想如何改写你的金钱信念？你对金钱的态度是什么样的？你怎样才能找到一种服务于你的金钱观，同时也承认你对金钱有复杂的感受，比如那些与不公正有关的感受？

你对待金钱的方式不需要符合任何文化的要求，但它需要适合你并符合你的价值观。

通过自动赚取收入给自己一些心理喘息空间

你可能认为自动赚取收入仅适用于企业家，但事实上并非如此。即使你是打工族，不想经商，你也可以实现收入自动化。以下是一个简单的例子。

我的银行每年都会送给我240美元。为什么呢？我和我的配偶每人持有一张信用卡，该卡规定：如果你每月全额支付账单，你每季度就可获得30美元。计算一下吧：每季度30美元 ×4个季度 ×2人=240美元。如果你没有全额支付账单或没有用卡买东西，你就不会获得季度奖励。

这是一笔甜蜜的小钱。它当然不值得我们花费精力去记住每个月要刷卡买点东西。我刷卡支付一笔每月都要收取的5美元费用，以此来自动达到获取奖金的要求。我和我的配偶每年都会获得120美元的免费物品（5美元 × 12个月 × 2人），以及持有这些卡的120美元的额外现金奖励。确实，这是个很小的例子。但是我们已经有这些卡很多年了，而且已经自动化了我们的系统。事情不大，但很简单。如果你没有成功尝试过被动收入，那么你可以从这类事情做起。我多年来积累了许多这样的迷你系统。

即使你一开始并不关心自动产生的被动收入，一旦你这样做了，收益就会自我增强，帮你进入良性循环。

让我们停止谈论金钱，转向其他类型的可以重复使用的系统。如果你需要更多关于自动化被动收入的想法，请参阅www.AliceBoyes.com上本书的资源页面。

从金钱出发——提高效率的投资和累积方法

自动化收入系统如何更广泛地与高效系统相关呢？它们属于一个范畴，我称之为提高效率的投资和累积方法。

责任心是与伟大的人生成就最相关的人格品质，这可能是因为责任心强的人对生活采取投资和积累的方式，他们播下的种子将在未来得到回报。[4]

责任心强的人从事未来导向的行为，比如努力学习和投资于人际关系，他们在各个领域都体验到这种方法的广泛好处。例如，学习工作技能可以帮助人们更好地完成工作。他们因此获得晋升，并在工作选择上获得灵活性。拥有更好的工作可能会享受更好的医疗，并最终改善健康状况。他们可靠的工作可能有助于使他们对理想的浪漫伴侣具有吸引力，这意味着他们会有一个更健康、更聪明、情绪更稳定的终身伴侣。

他们所体验到的好处进一步鼓励他们继续尽职尽责。这是一个良性循环。

开发效率系统是类似的。你做的越多，收益就会越多，并会惠及你生活的方方面面。

哪怕你天性尽职尽责，你也可以随时进一步优化你的流程。如果你不认为自己是天生认真负责的人，而你又在如此深入地阅读这本相当艰深的关于效率的自助书，那么这一事实表明你对自己太苛刻了。尽职尽责的人通常主要看到自己的缺点和不完美，而不像其他人那样看待自己。

如果你在某些方面缺乏责任心，但在其他方面却很勤奋，那么问题往往是完美主义和焦虑正在干扰你天生的责任心。你在本书的这一部分学到的技能将会对此有所帮助。如果你对此特别感兴趣，我还为《哈佛商业评论》撰写了大量关于该主题的文章。你可以在网上找到这些文章。我会将它们放在www.AliceBoyes.com网站的资源页面中，以方便你查找。

心理学知识对你没有帮助，除非你将它嵌入系统中

在整本书中，我一直强调心理学知识对我们的生产力至关重要，比任何技巧或时间管理策略都重要得多。你的心理学知识包括你对情绪管理、计划、做出明智决策以及与他人互动的了解。要从你的知识中获取最大收益，你需要将其嵌入你的系统中。[5]

例如，一些医院会这样培训员工：当同事提醒他们洗手时，他们要简单地回答"谢谢"，并遵守。[6]人们往往会对这种提醒做出脾气暴躁的反应。系统消除了像这样的问题可能引发的负面情绪影响，以此来应对这一点。它有助于建立文化，并防止患者受到不必要的感染。像这样的系统需要前期投资，但当它成为常态时就会自我延续。

你也可以使用这样的系统来计划、决策、管理他人和管理自己。当你设计出简单的系统来管理你的思想、行为和态度时，它们会逐渐成为你的个人规范，你会经历内在的变化。你的新态度、方法和反应方式将变得持久，而且更加自动化。

全面审视你可以改进哪些系统，发挥创意

我最近在听作家格雷琴·鲁宾的播客"更快乐"中的一集。[7]她的听众分享了一些策略，用以调解孩子之间关于谁的喜好应该得到优先照顾的争吵（例如，关于家里会买什么口味的冰淇淋，或谁应该得到飞机上靠窗的座位）。这些策略很简单，但很巧妙。

- 每周轮换，照顾到各个孩子的偏好。
- 在每个月的偶数天优先照顾一个孩子，在奇数天优先照顾另一个孩子。
- 给每个孩子分配一个编号（例如，最年长的是1，最小的是3）。当出现争议时，让语音助手在1到3之间随机选择一个数字，以确定谁得到其想要的东西。

对于生活中任何摩擦或表现不佳的领域，你都可以通过创建可重复使用的系统来改善它。你在任何领域改进系统的能力越好，你在每个领域的表现就会变得越好。

捕获你的制胜系统

如果你认为开发一个强大的系统是从盯着空白的谷歌文档开始的，那你就把这个过程搞得太难了。你可以使用自我观察来系统性地做到这一点。这个概念可以追溯到上一章，当时我们讨论了自然实验。如果你注意到有时候你比平时更有生产力或更有效率，你可以推断出是什么允许你这样超常发挥。这是很个人化的。例如，如果你陷入完美主义，那么你就关注你比平时更不完美时的表现。你要尝试定期或半定期地系统性地创造这些条件，这样你就更容易经常放弃有问题的完美主义倾向。

有时你的观察会与你的情绪有关，有时它们会更实际。我在上一章中提到，我注意到我在悲伤时写的东西特别好。我显然不会故意让我感到更悲伤，但这种观察让我意识到，我可以用写作来缓解悲伤（因为做好工作会让我振作起来）。我的观察也鼓励我更频繁地把自己置身于更脆弱的位置来写作。这是我悲伤时自然会做的事情，也是为什么当我感到悲伤时，我的写作能更好地与人产生共鸣。

一个实际的例子是，我发现我在旅行回来后的几天里工作效率很高。这一观察提醒我，比周末更长的休息时间有助于我提高生产力。它也鼓励我更频繁地休假，而不用担心它会影响我的工作产出。我知道休假实际上会对我有所助益，没有任何关于休息价值的研究比观察我自己的这种模式产生更大的影响。

每当你做任何新的事情时，你都可能会偶然发现制胜策略。在项目结束时，不要忘记这些策略，详细说明你的发现以及如何将这些策略用于其他项目。

你感谢某人的反馈，并向其解释为什么这些反馈对你如此有帮助。你观察到，这会导致此人为你提供更多机会（或更多帮助）。然后，你可以将此作为例子，每当有人给你反馈时就这么做，从而创建你的制胜系统。

实验

当你下次执行一项棘手的任务时，请记录一下，你使用的策略如何能帮助你完成其他项目。

你从理念层面上思考的越多，而不仅仅顾及项目的具体细节，你就越能发现适用于各种新情况的成功策略。

你学习了如何管理你的想法和感受以及其他人的个性，以及如何解决不熟悉的问题。你应该多思考这些事情。

为了帮助你入门，这里有两个具体的策略，它们几乎可以改进任何系统。

在开始之前准备好你的工具和材料

想象一下这个场景：周末你在家里开始一个DIY项目。星期六早上，你意识到你需要的东西用完了，或者你找不到你的卷尺。在你带着恼怒和沮丧跑去一家商店后，你推迟了一个小时才能开始工作。

相反，如果你在星期六之前把一切都安排好，你就会意识到你是否忘记了什么。在星期六之前把梯子架好，把接线板拿出来，等等。对于你无法预先设置好的物品，请想象你将要执行的步骤，想象自己如何做每一个动作。对于你忽略的任何事情，你都会想起来。这会避免紧张和许多不必要的中断。为了使可视化更易于管理，你可以把前面的步骤更详细地进行可视化，而把后面的步骤不那么详细地进行可视化。

在开始工作之前准备好工具和材料。此原则适用于许多流程。每个人都有对某些任务采用这种方法的本能，但在某些情况下又忘记使用它。如果你将此视为通用策略，你就不太可能忘记它。

考虑第二种选择

这种效率策略非常有用，通用性强，也特别简单。当人们考虑第二种选择时，他们会做出更好的决定。[8]你可以使用这个原则来避免做无用功。如何做呢？在冲动地开始任何事情之前，请考虑你可以采取的不止一种方法。

我有时仍然做不到这一点。我使用的一些代码最近不管用了。我使用代码访问API（应用程序编程接口），但软件公司更改了它的API。我最初是在博客上找到这些代码的。当代码不管用后，我开始用谷歌搜索，试图弄清楚如何自己修改它。一小时后……我还在徒劳无功地瞎忙。然后我突然想到，我可以给博主发邮件，问他是否有更新的版本。在我花一个小时瞎忙之前，其实我本应该停下来，考虑至少一种额外的方法。我其实应该早点考虑这个选项。

我喜欢更进一步——请定义三种不同完成任务的方式，而不是冲动地使用一种方法。

我使用此策略的另一种方式是，当我对项目的进展感到沮丧时，我会重新审视备选方案。我会回到绘图板前，并重新考虑我的所有选择。

通常情况下，一旦我们选择了一条特定的路径，我们就会摒弃其他选择。最初选择了一条路线后，我们就会心无旁骛。我们变得目光短浅，看不到另一种方法也仍然是个选项。当你重新审视时，你最初排除的一些选项可能会更有吸引力。尝试过一条路线后，你将拥有更多的数据和经验，以此来评估所有可能的选择。

实验 1

在何种情况下，在开始工作之前考虑多种方法会有用？这如何为你节省额外的工作时间？广泛思考。

实验 2

这些并不是适用于不同任务的唯一效率策略。想一想你喜欢的一条效率原则，例如在优化某项任务的处理方式之前，先不着手从事该项工作。想象一下该原则的三种不同表现形式。我有以下这个例子。在整理橱柜之前，扔掉不用的厨房用品。如果你扔掉了一件物品，你就不需要考虑该把它放在哪里。

这个实验将帮助你进行抽象思考，并将你的心理学知识从一个领域转移到另一个领域。如果你从一个你已经喜欢的原则开始，你就不需要任何鼓励来接受它，因为你已经理解并喜欢它了。

通过重复使用你成功的系统来创造利基市场

想想你喜欢的任何一部电视连续剧。没有一集是重复的。而创作者却可以重复使用成功的流程，遵循同一个范式，来创作每一集。

我们重复使用系统，原因之一是人们喜欢熟悉的事物。如果一个系统有熟悉的元素，人们就会有更舒服的体验。这是有进化论基础的。熟悉让我们放松警惕。

重复使用你的成功系统，这将建立你的利基市场，也就是你工作的具体重点。在房地产投资中，利基市场和范式是很常见的。例如，你的范式可能是“我在某个价格段之间买入房产，花费某个范围内的资金翻修，然后房子估价会上涨到某个价格段”。

创造一个利基，这可以帮助你减少被太多机会或太多选择淹没的感觉。缩小焦点还可以帮助你发现机会。你的利基可以很简单，例如许多同事来找你寻求帮助的一项技能，这自动帮你拓展了社交网络。

我不是建议你把自己限制在一个利基市场。在利基市场内建立有效、可重复的流程，这可以让你更自由地探索利基市场之外的领域。我们在本书后面部分探讨提高你的创造力时会讨论这个问题。

实验

你可以重复使用哪些出色的系统来做新工作？这样做如何帮助你创造利基市场？

优化系统中最重要的部分

如果你尝试优化系统的每个方面，就很容易疲于应对。想想系统的哪些元素最重要。什么最损害你的效率？

如果你DIY项目混乱无序，在过程中发现你需要额外前往家居店购买材料，那将非常低效，一来一回至少要耗时一个小时。或者，如果你生产线上的一台重要设备发生故障，你的产能可能会急剧下降，直到你修复它为止。你首先要解决影响最大的低效率问题。同样道理，聚焦系统中那些改进后能产生最大收益的部分。对我来说，为一篇文章的标题下功夫，可比为文中的第23句话而费神更有影响力。

实验

选择一个你经常做的任务。你是否优化了最具影响力的元素，例如行动呼吁用语、第一印象，等等？请做到这一点。通过创建可重复使用的系统和流程来解决这个问题。

哪怕你不认为你的工作有这些元素，它确实是有的。例如，老师、医生要求学生、患者做一些事情。因此，像行动呼吁这样的概念在这些领域仍然具有相关性。当医生要求患者服药时，这就是行动呼吁。当老师要求学生参与课堂讨论时，这就是号召性用语。

使用数据让你的工作更具影响力

我为《今日心理学》写的博客文章几乎完全遵循80/20法则。我的300篇文章中约60篇贡献了80%的阅读量。通常情况下，这些文章会出现在谷歌搜索结果的显著位置，常用搜索词组是“如何帮助焦虑症患者”等。

浏览量较少的其他文章会吸引一些记者的注意力，他们对我文章后面的评论感兴趣。我也会关注哪些文章有这种情况。

我还喜欢查看谷歌搜索趋势数据，了解某些主题的受欢迎程度是如何演变的。对焦虑和自我保健等话题的兴趣正在增长，而对其他话题的兴趣则停滞不前或下降。我用维恩图评估两项内容：流行的话题，以及我可以提供有帮助的、不同寻常的意见的话题。

你也可以使用数据来更好地了解你工作的哪个方面最有影响力。

- 你是一名老师。你计算有多少孩子对每次课堂讨论做出了贡献，并利用这些信息来评估哪种授课风格能让学生们更投入课堂。
- 你是一名会计师，有众多企业客户。你分析支付最低税款的20%的客户的申报表，研究类似的策略如何帮助其他80%的客户。
- 你是一名商业教练。你筛选出与你合作后业务增长最多的20%的客户。你调查他们如何实施你的策略以及他们采用了哪些额外的策略，并使用这些信息来改进你与所有客户的工作。

实验：你如何能利用数据更有效地工作？数据如何揭示了你最应该关注的问题？

处理陌生任务的高效流程

本章的最后一节探讨如何有效地完成一项陌生任务。

人们认为效率就是优化他们的重复性任务。然而，通常最让我们害怕（并引发拖延）的待办事项是那些我们以前没有做过或不经常做的事情。为了解决这个问题，你可以为不熟悉的任务开发一个系统。

最近我的泳池水泵坏了。买水泵对我来说是一项陌生任务，而且超出我的专业范畴。我将用此示例来说明我使用的系统。

1. 尝试事前验尸法

事前验尸法是指你让自己穿越到未来。想象一下，你完成了一项任务，但结果很糟糕。想出它出错的可能原因。

在购买水泵时，我担心三件事会出错：（1）多付了很多钱；（2）水泵的功率低，不足以运行泳池清洁器；（3）新泵使用不久后发生故障，但无法获得保修服务。

我的事前分析帮助我确定了我需要问的问题。你可以将此策略用于任何任务。它对不熟悉的或高风险的任务最有用。

2. 考虑不止一种方法

如前所述，在开始工作之前考虑不止一种方法。我的方法可能包括：（1）打电话给泳池水泵安装人员；（2）打电话给销售但不安装水泵的公司；（3）在网上研究一下对策。

3. 找到测试你假设的快速方法

我认为，自己购买水泵会比从安装人员那里购买便宜得多。事实证明我是对的。我打电话给一家公司，询问从他们那里购买并安装水泵的费用。他们说水泵大约需要1400美元，安装费需要250美元。而亚马逊网站上的同款水泵售价仅为700美元。这证实了我的假设，即安装商的水泵价格虚高。

4. 决定要付出多少努力

在开始做事前，估计你应该合理地投入多少时间。为了节省100美元，我愿意花费最多45分钟来进行研究和打电话。就买水泵而言，我可能节省大约400美元。按照这个计算，我应该将整个过程限制在3小时以内。

5. 降低研究成本

如果我能以与网上相似的价格从本地公司购买水泵，我会选择本地公司。

该款水泵的制造商网站上有一份当地授权经销商的名单。我找到了一家经销商，它的水泵只比网上价格高出25美元。据此，我猜测此经销商所有水泵的价格都与网上价格相似。我打电话询问他们对那款水泵的看法。他们知道有些客户不满意这款水泵的功能，便推荐了另一款水泵。他们推荐的水泵要贵出400美元，但功能高出一倍。我要求他们推荐一个安装人员来安装从他们那里购买的泵。

6. 提高你所获得信息的可靠性

我买东西时总是担心被宰。我的方法是对信息进行三角评估。如果三个人告诉我同样的事情，我会相信。在买水泵时，我决定，如果安装人员也根据实际需要推荐更昂贵的水泵，我会选择它。安装人员不是100%确定，于是他打电话给他的主管，主管说他认为便宜的水泵是“破烂货”。我最终决定买更贵的水泵。

7. 检查是否还有任何与你的事前分析相关的陷阱

在我研究过程的早期，我在谷歌网站上搜索到了很多不履行保修承诺的陷阱。虽然我能够自行安装水泵，但这会使保修合同失效。因此，自己安装水泵并不是一个好选择。

我选择水泵大约花了90分钟。我很满意，我已经尽了最大努力避免我事前分析可能出现的失败。

8. 迅速放弃行不通的策略

在这里，我掩盖了我尝试过但没有奏效的策略。例如，我尝试检查泳池地板清洁器的技术规格，看看我需要什么泵来运行它，但技术规格上没有相关信息。

实验

亲自尝试一下这些策略。想一想你预计明年需要完成的一项陌生任务。思考一下如何应用本节中提到的每个原则去解决该问题。

你不需要采用我的系统。重点是创建一个通用系统来处理不熟悉的任务。这样一来，关于如何开始的决策疲劳就不会导致拖延。遵循你的系统将成为一种习惯。

你可能会找到一种创造性的方法来简化我的系统。或者你的系统可能与我的系统完全不同，因为你我个性不同。我的系统倾向于避免错误，因为那是我的个性。

当我们结束本章时，我提醒一下：本章中的策略不会让生活变得不那么忙碌。实现这一目标需要更深思熟虑的选择，放弃一些机会，为未分配的时间让路。否则，通过变得更有效率和更有条理而腾出的任何空间只会被更多的事情所填补。

要点总结

1. 你生活中哪些失败的流程最需要关注？

2. 你在修复它时遇到哪些障碍？如何克服这些障碍？

第7章
优先级排序——驱动决策的隐藏心理学

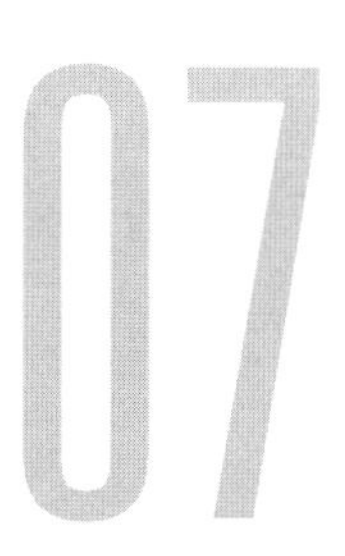

如前所述，如果你的大部分选项为A和B，意味着你可以略读本章。如果你的选项主要是C和D，请详细阅读本章。

测验

1. 你是否勤奋地从事中等效能的任务，而将更有潜力的项目搁置一旁？

（A）不。我经常做有可能改变我成功轨迹的工作。

（B）有时，但我会涉足具有挑战性的工作。

（C）我梦想着从事我的长期项目，但很少这样做。

（D）我的工作中只包含效能一般的工作。

2. 时间紧迫但不重要的任务占你日常工作的多大比重？

（A）我已经安排好我的工作，所以我很少有不重要的截止期限将至的任务。

（B）我一天所做的事情中有四分之一感觉很紧急，但并不重要。

（C）我一天所做的事情中有一半以上感觉很紧急，但并不重要。

（D）我有很多需要我及时关注的不重要任务。

3.你如何看待对任务的优先等级排序？

（A）我有很强的习惯，不需要太多思考优先顺序。我已经完成了优先等级排序的工作，并将这些价值观融入我的习惯中。

（B）我的系统可以确保我完成大量有影响力的工作，但低优先级的任务也会悄悄占用我的工作时间。

（C）确定优先次序经常让我手忙脚乱。

（D）我只是按部就班地做分派给我的任务。

4.你是否将截止日期很远或没有截止日期的任务过于复杂化？

（A）不，我擅长不让非结构化任务拖累我。

（B）这种情况偶尔会发生。

（C）当我的任务没有截止期限或截止期限很晚时，我就会有完美主义倾向。

（D）是的。当一项任务没有截止期限或截止期限很晚时，我不知道从哪里开始做起。

5.你会推迟任务，直到它们变得紧急吗？

（A）不。每周我都会主动维护没有截止日期的其他重要任务。

（B）这种情况一年只发生几次。

（C）在我缺乏信心的领域，我会忽略掉隐约浮现的问题（例如，空调发出奇怪的噪声）。当问题变得紧急时（例如，空调坏了），它们最终会变得更具破坏性。

（D）你怎么知道的？我在做次要和主要任务时都有这个问题。

本章阐述优先等级排序的问题，并不是要去除你对休息的需求。本章也不教你像玩俄罗斯方块一般运用时间，比如会议开始前的十五分钟内强行塞入一项要高效完成的任务。

那些一心追求快速完成任务、避免任何浪费时间的做法，其实并不能高效利用时间。如果你试图匆忙完成所有事情并且避免任何空闲时间，你反而会更容易分心。如果将所有事情都安排得满满当当，你会感受到巨大的时间压力，甚至在专注于当前任务时也会一直想着下一个项目。这不利于集中注意力。

本章将帮助你理解人们为什么经常选择价值一般的任务，而不是那些影响力更大的任务。正如之前提到的，用注意力最集中的黄金时间去做一些价值中等的活动，往往比浪费时间更影响你的效率。做这些价值中等的活动只会让你停留在当前的轨道上，无法加速或改变你的前进方向。

读完本章后，你将理解如何优先处理更有影响力的工作。你将了解自己在优先级排序时存在哪些偏见，以及如何通过元认知（metacognition）来克服这些偏见。所谓元认知，就是你知道自己是如何思考的。

我们隐藏的决策规则

人们在做优先级排序时会遵循一些无意识的规则。一个常见的规则是“尽量只让最少的人失望或生气”。想象一下，一天之内，十个同事分别向你提出一个请求。而下班回家后，你的伴侣也希望你做十件事。最后你却一件都没帮伴侣完成，因为你已经用尽了所有精力去安抚你的十个同事。无意识的规则可能会导致你对你最爱的人最少回应。

同样的模式也可能发生在你遵循的潜在规则是“优先让那些最有可能原谅我的人失望”时。当你明白了你无意识的决策规则后，你就可以发现它们可能带来的意想不到的后果。

实验

在你的待办事项清单上，有什么重要的项目是你很难抽出时间去做的？无意识的优先排序规则如何妨碍你去做这些任务？如果你的规则是“在我完成待办事项清单上的所有其他事情后，我将专注于大局”，你永远不会做不到这一点！

截止日期如何影响我们确定优先顺序的方式

人类就像飞蛾扑火一样，对那些截止日期很近的任务毫无抵抗力。 逻辑上，如果截止日期较近的任务更容易完成，我们可能会优先选择它们。然而，研究表明，人们会选择一个截止日期较近的任务，而不是一个截止日期较远但同样容易且回报更大的任务。任务的截止日期会影响我们对它的认知。当一个任务的截止日期较长时，我们就会认为它更难完成。这就是所谓的“单纯截止日期效应”(mere deadline effect)。[1] 即使任务的其他方面都相同，人们也会为截止日期较长的任务投入更多的资源。宽松的期限会使我们陷入过度复杂化任务、拖延症或半途而废的风险。

本章的重点并不是缩短截止日期,而是当你遇到一个宽松的期限时，要问自己或团队:“我/我们可以如何简化这个任务?”你可能会注意到，对于那些完全没有截止日期的任务，你也会遇到同样的过度复杂化问题。

为什么我们更喜欢近的截止期限

我一直认为，人们只有投入到需要长期积累大量技能的、具有挑战性的长期项目中，才更有可能为世界做出贡献。另一方面，出于一些心理因素，倾向于选择短截止日期的任务也有一定道理。通过理解这些因素，你可以取得最佳平衡。

俗话说“一鸟在手胜过两鸟在林”。由于复利效应，我们现在获得的奖励通常比未来获得的相同奖励更有价值。举个例子，我可能会中断手头的工作去处理媒体采访。媒体曝光会带来更多曝光，因此我现在抓住这些好处比一个月后再获得相同好处更有价值。或者说，你老板的认可会让你在公司里升职。在一个快速项目中展示你的才能可能会让你加入一个极具创新或创造力的团队。

这将进一步加速你的成功。尽早而不是延后获得老板对你杰出表现的认可是有益处的。此外，任务之间可能存在依赖关系。现在没有完成一项任务可能会导致以后错过机会。如果一位记者联系我，我没有及时回复，他就不太可能再联系我了。投入到回报不确定的长期项目也存在风险。如果你为一家初创公司工作，或者为一部试播电视剧撰写剧本，那就存在风险。有时，当我们将注意力放在长期项目上时，我们也会错过早期反馈的机会。

理解这些好处可以帮助你弄清楚哪些截止日期较短的任务值得去做。

实验

如何确保短期任务带来长期收益？以下问题可以帮助你评估短期任务的长期价值：

- 完成这项短期任务是否能带来持续增长的认可度？例如，处理媒体采访能够带来更多曝光，长期提升你的知名度。
- 这项任务是否能提供早期反馈，帮助你提升某项技能？例如，快速完成一个项目并得到老板的反馈，可以帮助你了解自己的优势和需要改进的地方。
- 这项任务是否有助于巩固人际关系？例如，帮助同事完成一个小任务，可以增进你们之间的友谊和合作。
- 这项任务是否能带来其他持续的收益？例如，和供应商协商降低资费，可以让你以后都享受更优惠的价格。

此外，还要问问自己这项任务是否真正紧急，例如医生需要及时查看病人的检测结果。如果一项短期任务不符合任何上述标准，那么将注意力集中在长期项目上才是最明智的做法。

最低限度上，你可以尝试将短期任务进行一些改进，使其也能带来长期收益。

元认知——人性的决定性特征

尽管人类的思维存在偏见和缺陷，但我们也拥有元认知(metacognition) 的能力。这是一个简单概念的学术术语，指的是我们可以思考自己的思考方式。你可以利用元认知来克服优先级排序等方面的自动思维偏见，将思维缺陷的影响降至最低。

以下是人们思考自己思维方式的一些例子：

- 你知道自己爱担心，也常常为一些不会发生的事担忧。因此，当你开始担心时，可以试着降低这种想法的影响。例如，你可以这样想："我的新同事达芙妮今天早上在开会前没有和我聊天，这让我担心她不喜欢我。但是，我知道我很容易做出这样的推断，所以我不会因为一点小事就妄下判断。"
- 你需要做出一个相对次要的决定，但你知道自己很容易花几个小时犹豫不决，所以你决定限制研究和决策的时间，只用 30 分钟。
- 你在决定购买东西。你有很多想要的，但你列出你的五大标准来帮助你缩小选择范围。
- 你很喜欢黄色，但你知道并不是每个人都喜欢，所以当你想要将公司品牌色改成黄色时，你首先要调查一下别人的反应。
- 你知道自己最初会对反馈做出负面反应，所以你选择忽略这些最初的反应。你给自己一天的时间，然后用全新的视角重新解读反馈，此时你的反应几乎总是会不同。

那些更擅长反思和调节思维方式的人，思维能力也会更强，也更有创造力。[2]

你可以通过使用启发式规则（heuristics）将你的元认知转化为小型系统。我将在下面解释如何去做。

使用启发式规则来确定优先级

启发式规则可以帮助你克服刻板的优先级排序模式。启发式规则是一种快速简单的法则，旨在帮助你在大多数情况下做出明智的决策。

以下是一些启发式规则示例：

防止在单个任务上花费过长时间：

- 我不会在社交媒体X上花费超过两个小时（X是你经常性任务之一）。
- 我的演示文稿不会超过五个不同的要点。
- 如果一位记者发来许多问题，我将回答我最感兴趣的六个问题，跳过或简短回答其他问题。[3]

对抗完美主义：

- 如果我产生了冲动想要完美地完成一项任务，我会在10次中7次忽略这种冲动，3次屈服于它。（你无须监控，这只是一个大概的比例。）

关注全局，避免吹毛求疵：

- 如果我想就编辑对文章所做的修改提出异议，我通常会将它限制在两到四点。

优先考虑最重要的人：

- 如果我的配偶要求我做一些简单的事情，而且不在我的深度工作期间，我会立即去做。

- 如果我的孩子发出她需要我关注的信号，我会毫不犹豫地满足她，即使这会打断我的深度工作。

在深度工作期间保持专注：

- 在深度工作期间，除了我的孩子之外，我将忽略所有事情，包括两分钟原则（这个原则是指如果某件事只需要不到两分钟，那就立即去做。）[4] 如果我需要做的事情突然出现在脑海中，我会忽略它，哪怕有忘记它的风险，以免打断我的注意力。

对抗使宽松期限任务过度复杂化的倾向：

- 在开始一个截止日期很长的任务之前，我会问自己两个问题：
  （1）“如果只剩一周完成这项任务，我将如何去做？”
  （2）“我如何在原来一半的时间内将这个项目做到可接受的标准？”（我喜欢将剩余的一半时间用于改进它，或者作为缓冲以防需要花费比预期更长的时间。）

正如你所看到的，制定启发式规则需要自我认知。你的启发式规则应该直接与你观察到的需要克服的自我破坏模式相关联。

实验

你能想出一个可以帮助你更好地进行优先级排序的启发式规则吗？先从一个简单的规则开始，等习惯之后再制定其他规则。我用了很多年的时间来不断完善我的启发式规则，这不是几个月就能完成的。一开始不要过度思考你的启发式规则，试着在现实生活中应用它们，之后再进行调整、修改或丢弃。

优先级排序需要接纳负面情绪

为了更好地进行优先级排序，你需要接纳排序过程中产生的情绪。我之前提到过，我限制自己最多只对编辑的修改提出几点异议。有时，文章会刊登编辑添加的某个陈述，而我对此感到不舒服，我会后悔没有对此提出异议。优先级排序不可避免地牵扯到忍受一些负面情绪。另一方面，如果不进行良好的优先级排序，最终会因为没有完成任何事情而导致更严重的负面情绪后果。

实验

如果你想要有效地进行优先级排序，你需要学会忍受哪些情绪？你将如何做到这一点？你会如何处理不断涌现的愧疚感和其他情绪？

我的常用方法是让这些情绪自行消退。一种有效的方法是承认情绪的存在，既不去助长它，也不去排斥它。当你这样做的时候，情绪只会暂时出现，不会失控。

你可能更喜欢其他方法，例如冥想，或者学习其他源于心理治疗的技术，例如认知行为疗法或接纳与承诺疗法，以帮助你训练自己放开想法和情绪。[5]

足够的休息时间也有助于你确定优先等级。它给你一个缓冲带，帮你处理困难情绪。这样一来，这些情绪就不会导致你去做不太重要的任务来让自己感觉好一些。

特定职业中优先级排序的方式

我们已经探讨了人类通常如何确定优先级别。你的工作领域和社交圈内的规范也会影响你。

每个职业都有特定的标准来衡量成功和效率。例如，科学家的成功通常是根据他们发表的论文数量以及这些论文被其他科学家引用的频率来衡量的。然而，有人可以在这些指标上表现出色，但对人们的生活或他们所在领域的学科史仍然没有太大影响。

有时人们所做的工作太浅显或太晦涩，而不会产生太大影响力。[6]或者他们被吸引到所在专业热门但拥挤的领域。在一个不受欢迎的领域工作可能会发现更多的创新机会。如果你的世界观或经历使你在该领域拥有独特的视角，则更是如此。

实验

考虑以下问题：你所在领域的效能和成功是如何被定义的？有哪些替代指标？你需要以何种方式从这些惯例中退出？独立思考怎样为各项工作排序才能使你的影响最大化。

思考一下，富有成效和在你的行业中富有成效，两者有何区别。

使用估算来判断潜在影响并确定你任务的优先级

让我们重新审视估算，这是我们在第3章中已经讨论过的一种工具。估算可以帮助你确定优先级。

简单的估算可以帮助你在备选方案之间做出决定。当我还是一名临床心理学家时，我会花一个小时与每个客户交谈。我喜欢这项工作，有时甚至会怀念它，但我通过写作产生的影响更大。

假设我花了三个小时写一篇博文。想象一下，有三万或三十万人阅读了这篇文章。如果这些读者中只有1%的人得到了帮助（这绝对不是我的目标），那么仍然有三百或三千人受益。我需要很多辈子的临床实践，才能产生类似于写作产生的影响。你如何估计你的工作的影响？

你应该利用成功的系统还是探索新领域？

确定优先级通常涉及选择：是利用你已经掌握的成功系统，还是探索新领域？这不是一个简单的问题。

在某些方面，你可能没有尽可能多地利用你成功的系统（如上一章所述）。在其他方面，你可能对新领域的探索还不够。

人们经常做熟悉和舒适的事情，而不是可能产生更大影响但感觉更可怕的事情。做更多相同的事情会感觉很有成效，但并不令人满意。

你做的任务中，哪些是高效能的，但没有达到更理想的高效能？你是否经常重复类似的项目，或以相同的方式，与相同的人一起工作？你工作的哪些方面感觉像是流水生产线？

我发现自己在写文章时总是陷入效率陷阱：我更倾向于为熟悉的媒体供稿，而不是去开拓新的渠道。原因很简单，写给熟悉的对象，我轻车熟路，知道他们的要求和期望。这样一来，写文章的速度更快，也更省脑力，总的产量也自然会比较高。

创意研究表明，根据人们产出的工作量可以预测他们是否会创作出优秀的作品。[7]尽管这种方法也有一些好处，但也存在负面影响。反复为相同的媒体撰稿，我接触的读者群体仍然是那些人，我的个人成长受限，人脉圈也无法扩大。而从不同编辑那里获得意见并适应不同媒体的写作风格，能让我作为一名写作者得到更多成长。

实验

你什么时候选择熟悉的、效能平庸的行为，而不是不太熟悉但更有影响力的行为？

但是我该如何处理我的短期任务呢？

在人们讨论重要事项优先于紧急事项时，房间里的大象总被忽视了：那些小任务的截止日期迫在眉睫，如果不去处理就会堆积如山。我该如何是好？对许多人来说，保住工作就需要完成一些中等重要程度的任务，例如你必须参加的委员会会议。

对此，你应该采取长远眼光。随着时间的推移，逐渐消除尽可能多的次要和中等重要任务。如果无法消除它们，可以使用诸如批量处理任务之类的策略来减少这些中断的发生频率。例如，每 90 天取一次药而不是每月一次，或者让药店送货上门。如前所述，以一种具有长期价值的方式完成有截止日期的短期任务。

当然，完全按照这些建议去做可能会矫枉过正。轻松和具有挑战性的任务相结合的时候，人们的精神状态会更好。

因此，在你的每天日程中加入一些不需要动脑筋的活动。只有两种模式——疯狂工作或完全躺平——并不是理想的状态。这时候，像叠衣服或除草这样的活动可以帮助你的日常生活保持平衡。因此，保留一些活动让你从认知负荷高的工作中放松一下精神，让你的思绪可以游荡和放松。

最初，你可能无法预见到这些不重要的、令人厌烦的任务如何变成你生活中的次要部分。随着你成功地消除或减少不重要和中等重要任务的次数越多，你从这些成功的系统中学到的就越多。你拥有的这些任务越少，你的日子就越不会碎片化。

你现有的系统为了什么目的而优化？是最重要的东西吗？

在《算法生活》一书中，作者描述了所谓的秘书问题。[8]这个问题与聘用一位秘书有关。书中概述了一些达至最佳策略的数学运算。具体是怎么操作呢？第一步是搜索阶段。在此阶段，评估37%的求职申请者，但不选择任何候选人。然后，达到37%的标志点之后，录用迄今为止表现超过所有其他人的候选人。在数学术语中，这被称为最优停止问题。

该书还描写了在其他情况下做出最佳决策的类似数学逻辑，例如你是应该尝试一家新餐厅，还是继续光顾你现有的最爱。如何确定优先级以及如何从备选方案中进行选择？作者的建议值得一读。无论你是否采纳作者的建议，让你无意识的决策过程变得更加有意识，都会使你受益。然后你可以设计自己的决策系统。

我们经常不自觉地为了不是最重要的事情而进行优化。

例如，你优化是为了永不犯错，永不失望，或从不公开表达一个坏点子，而不是为了创造最大的整体积极影响。

实验

回答这些问题：

- 你优化现有系统的目的是什么?
- 你优化的目的应该是什么？怎样才能让你更接近你想要的生活和生产力水平?

要点总结

1.在你没有从事的项目中，哪个项目最有潜力改善你的生活?

2.关于优先级排序，你最想从本章中学到什么？你如何将这种洞察力转化为你系统中的新举措?

第8章 拖延症

如前所述，如果你的大部分选项为A和B，意味着你可以略读本章。如果你的选项主要是C和D，请详细阅读本章。

测验

1. 你克服拖延症的心理博弈过程是怎样的？

（A）我很了解自己。我知道如何应对我觉得困难的事情。

（B）我有克服拖延症的有效策略，但使用它们感觉就像一场战斗。

（C）我没有太强的心理能力，我主要依赖外部因素，例如严格的截止日期或他人的督促。

（D）我对自己的拖延程度感到沮丧，这导致我与其他人发生冲突。

2. 你的直觉知道拖延有时候对你有帮助吗？你知道什么时候需要从一个大项目中抽出比平时更长的休息时间，来获得一些观点或恢复精力吗？

（A）是的，我知道我什么时候需要更长时间的休息来充电和恢复精力。

（B）有点，但我很难相信经过较长时间的休息后我会变得更强大。

（C）我从来没有考虑过这个问题，但是现在你提到它，我意识到我也曾有在拖延之后成功解决项目中的难点的时候。

（D）否。

3.你有多少克服拖延症的策略？

（A）六个以上。不同的策略适用于不同的情况。

（B）我有四到六个。

（C）我有一到三个。

（D）没有。

4.你对引发拖延症的思维过程了解多少？你调整思维的能力如何？

（A）当我把任务想象的比实际更难时，我知道我会拖延。当我对从事一项任务感到不满时，我就会拖延。通过调整这些想法和感受，我可以成功地完成工作。

（B）我大约有50%的时间可以做到这一点。

（C）我对此有一些了解，就像我知道我有完美主义倾向，但要克服它是一场恶斗。

（D）我不了解拖延症的触发因素，也没有应对策略。

5.当你觉得一个项目很困难的时候，你有没有想推迟它的冲动？

（A）不。我的大部分最出色的工作都不是一帆风顺的。

（B）偶尔，但最终我会在没有外界刺激的情况下完成任务。

（C）很多时候，但并非总是如此。

（D）是的。我真的只想承担肯定能顺利进行的任务。

你现在可能会想到好几项你正在推迟的任务

在本章中，我将概述拖延症背后的心理机制，然后向你提供许多克服拖延症的具体实用策略。我还将详细说明，为什么并非所有拖延都是坏事。

拖延症比人们想象的要复杂得多。[1]对于人们为什么会拖延，有几种流行的解释。一种是问题的根源在于缺乏强烈的习惯。这种叙事认为，如果你有很强的习惯，你就不需要自我控制，习惯会助你消除一些决策疲劳。所以你不会拖延。另一种关于拖延的观点是，它是一个情绪问题。[2]我们无法容忍会引发无聊、自我怀疑、冒名顶替综合征、攀比等的任务，所以我们会推迟它们。

尽管这些解释很有道理，但并不是全部真相。

当人们把拖延症归为情绪问题时，经常会忽略一个关键点。人们往往会拖延去做那些让他们感到不知所措的任务。这便引出了一个问题，究竟是什么因素导致人们对一项任务感到不知所措？

被严重低估的一个因素是人们缺乏规划任务的技能和信心。[3]也许你在每周的例行性工作上游刃有余，但当你面对一项新任务时，该如何着手进行本身就可能让你感到不知所措。如果你遇到这种情况，不妨运用第6章中学习到的应对陌生任务的策略。这些策略同样适用于超出你的经验范围的雄心勃勃项目，例如“如果我想参加下次竞聘，现在我该如何准备”。

另一个被忽视的因素是，人们不会问自己：如何才能将负面情绪转化为专心工作的能量，而不是被它们分心。人们常常错误地思考如何才能减少强烈的情绪，而不是如何利用好强烈的情绪。我们在前文也探讨过这一点。

对拖延的解释有时也忽略了一点，那就是世上有很多不同类型的拖延者。

在我们的刻板印象中，脸谱化了的拖延者拿到一个有截止日期的任务，但他们并不开工，而是做其他事情来分散注意力。

然而，拖延症并非只有这种刻板印象式的形式。通常它还与疲劳有关。你整天都在工作，孩子们终于上床睡觉了。你知道你可以制订一个工作计划，去跑步机上跑跑步，或者学习一项新技能，但你却选择了看电视剧。这可能是一整天里你唯一能放松的时间了。那些发现自己会陷入这种情景的人可以放心——他们没有拖延症，这只是超负荷运转的问题。当你准确地诊断出问题时，你就能更有效地解决它。

拖延症也可能与好奇心强和容易兴奋有关。如果你是一个充满好奇心且有很多兴趣和想法的人，你可能会发现很难只选择一条道路。你可能会沉迷于思考所有自己想做的事情，但很难确定究竟从哪件事开始。你有错失恐惧症（FOMO，一种担心会错失什么的焦虑症）。你无法决定是要逃离激烈的竞争，成为一名背包客，还是要积极增加收入，以便能住进纽约市中心每月房租4000美元的公寓。你没有选择其中之一，而是保持现状。

当你想要做的事情超出你所能专注的事情时，别对自己太狠了。那些脑子总不停转的人，往往对自己一堆想要实现的梦想特别苛刻，可真要着手去做的时候又觉得无从下手。不妨试着接受自己的这种“贪心”，看看这是否有助于你实现更多清单上的愿望。要知道，梦想多点也正常，这总比对什么都提不起兴趣强多了。不过，也要认识到选择不去专注或承诺任何事情并不是实现梦想的最佳方案。

有时人们会觉得自己在拖延，但实际上并没有。你可能整天都在做对个人或职业很重要的事情。然而，你仍然没有完成你想要完成的事情的一小部分。这可能感觉像是拖延，但其实不是。你认定的拖延很可能是因为你高估了一天中可以集中注意力的时间。你的“拖延”问题实际上可能是对自己有不切实际的期望。

为什么你不应该尝试完全消除拖延

拖延症，如同许多为人所诟病的人类行为，其实也并非一无是处。

如果你对自己要求很高，又致力于进行创新性工作，难免会遇到瓶颈。此时，你需要适当放空，暂时远离工作，进行短暂的“神游”。观察自身规律，我本人往往是在无计划地休假后，反而能够迸发出创作灵感，完成出色的作品。即使对效率低下感到焦虑，也要学会休息和放空，这有助于你重新集中注意力和重新思考问题。有时，拖延症反映出一种不切实际的期望，即你可以在所有时间都具有创新性和创造力，或者全神贯注。你并不能。你需要休息。根据你对高效能人士行为方式的印象，你可能觉得自己也不需要怎么休息。其实你可能需要更频繁或更长的休息时间。如果你把所有这些需要休息的时间都界定为拖延，就会导致自我苛求。

有时，我们最终完成的最具影响力的工作，恰恰发生在“应该”做其他事情的时候！当我在写作时感到疲惫或注意力不集中时，我会去浏览自己一直在思考的问题的相关研究，或者联系一些许久未曾联系的同事。结果往往发现，这些看似“拖延”的时刻，反而意外地高效！

如果你容易陷入拖延症（做一些虽有产出，但客观上并不是你当前最重要的任务），[4]请评估一下这对你而言是利大于弊还是弊大于利。比如，如果你把已经打扫干净的房子又重新擦一遍，那显然是弊大于利。但如果利用拖延症去完成其他你平时会拖延或根本不会做却很重要的事，那拖延症就可能利大于弊。这又凸显了根据自身情况而非大众标准行事的重要性。判断拖延症是好是坏，你不需要听别人的。对我来说，拖延症利大于弊！正如我在第1章提到的，创意工作往往受益于一段时间的酝酿期。遇到问题后，与其急于解决，不如先稍事休息，反而能起到更好的效果。

改变看待拖延症的方式，可以帮助你接纳无害的拖延行为，减少自我批评。这种心态的转变会带来意想不到的积极效果，即减轻你陷入长期拖延的冲动。如果你将短暂的拖延视为进入专注工作前的热身，那么就更容易在拖延过长之前迅速进入专注状态。我注意到，如果我早上跳过查看电子邮件和工作协同软件的“消磨时间”，一天结束后我会感到更加超负荷。不妨你也试试看这种方法是否对你也奏效。

如果你有大部分时间都在做深度工作的强烈习惯，那么你可以相信，任何对休息时间的渴望都是你的大脑所需要的。

你是否在做一些有影响力的工作，这远比你是否拖延重要。优化是为了增加你的超高价值行为，而不是为了减少“浪费时间”。

应对拖延的心理技巧——克服特定的思维模式

如我之前所说，深度工作的良好日常习惯将大大有助于减少拖延。本书第5章介绍了如何让自己做深度工作。但是我们大多数人仍然需要策略来管理我们的心理状态。下面介绍了几种对你有用的反拖延策略。

判断心理障碍是否导致拖延症的一个好方法是，一旦你开始着手某项任务，自己是否享受这项任务（或至少从中获得满足感）。

使用有效的自我对话

当我想拖延时，通常是因为我想出色地完成那项任务，并对自己的能力感到紧张。我该如何克服这种压力？我提醒自己，着手去做才是做成一件事的最佳方式！

我以一种温和友善的方式对待自己，所以这是一种自我同情。我对自己说：“我对自己能否完成这项工作感到焦虑，这让我犹豫不决。这是一种正常的感觉。做好工作的最好办法就是一步一步去做。就算我犯了一些小错误，这仍然是最好的办法。”

找到适合你的可重复使用的自我对话。它能够解决造成你拖延的心理机制。如果你不确定该机制是什么，本章其余部分的内容会帮助你弄清楚。

不要试图一口吃掉某项任务

对于一项重要任务，或者是一直被我们拖延的任务，我们常常认为需要进行长时间的马拉松式奋战才能把它搞定，以此弥补过去的拖延和浪费的时间。（这种情况在患有抑郁症的人群中很常见，他们因为抑郁症导致的生产力下降而感到愧疚。）试图通过长时间的工作来弥补之前的拖延往往难以奏效。为什么呢？因为一想到要一整天埋头于一项艰巨的任务，人们就不可避免地会产生更多的拖延心理。

为了应对这种情况，你可以尝试以下两种策略之一：

（1）计划今天只用10分钟处理你一直在回避的任务，然后明天再继续。今天做一点小小的工作可以帮你克服开始时的犹豫不决。

（2）计划今天花90分钟来从事这项任务，并以此为上限。如果你有足够的深度工作习惯，你很可能让自己在几乎任何事情上工作90分钟。一个合理的目标会让你更容易开始着手。

你可以根据自己的情况调整策略。例如，你可以每天增加十分钟处理这项任务的时间，直到累计达到两个小时。这就像耐力训练一样，逐渐提高自己的工作时长。具体细节并不重要，重要的是遵循这些原则。

如何克服信心波动

特定的思维模式会让你的信心动摇，进而导致拖延症或过度思考。你的思维模式非常个人化，这也是为什么提升自我认知是提高生产力的关键之一。

我自己的一个思维模式是，当别人告诉我喜欢我的某部作品时，我的大脑就会跳跃性地得出结论，那就是我的其他作品都不好！例如，如果我的配偶读了我写的几个章节，并说她最喜欢第十章，我的大脑就会尖叫，肯定是其他章节都很糟糕！她肯定不喜欢任何一个章节！

注意你的思维是否会跳跃到一些不合逻辑的结论，比如“1+1=3”。你需要关注自己的情绪，然后逆向思考。留意情绪的转变，比如突然涌现的强烈自我怀疑。然后问问自己最近发生了什么事情可能引发了情绪的转变，接着去寻找思维误区。

识别任务中让你不焦虑的部分

当你的信心动摇时，克服拖延症的一个好方法是从你不感到焦虑的任务部分着手。你并不总是需要优先处理最难的部分。做一些容易的部分，让势头把你带动起来。如果你正在做大型复杂项目，这样做会更容易一些。通常，大型复杂任务中都会有很多简单的待办事项。

有时，对任务中某一小方面的焦虑会阻碍你开始（或继续）整个任务。[5]例如，你需要联系一个让你感到畏缩的人。人们常常犯的错误是把情况归为自己对整个任务都普遍焦虑，而实际上只是少数方面让他们焦虑。注意你是否也存在这样的情况，并更准确地标记你的情绪。例如，你可以说“我对这个任务的60%充满信心，但对其中的40%感到紧张”。这样做可以给沸腾的情绪降温，让你更容易找到一个开始的地方。

当你对一项任务的情绪因过去的经历而加剧时该怎么办

我的一位同事，组织能力很强，负责管理大型项目。最近她告诉我，对于即将到来的搬家感到非常焦虑，尤其担心女儿如何适应搬到另外一个州的生活。我问这位同事，自己是否有过类似的经历导致她的焦虑。她说自己九岁时也曾搬到一个新的地方，造成她有一些童年阴影。虽然成年后，这位同事拥有丰富的项目管理经验，可以很好地应对搬家事宜，但她提到将自己和家庭从目前舒适和安稳的环境中连根拔起有多么令人惴惴不安。她感到矛盾，尽管她知道搬家总体上是一个很好的决定。

当一项任务引发强烈的情绪时，你会对该项任务产生很多担忧和思虑，但处理这些烦恼往往会让人感到不知所措。当有很多事情可以做时，你很难从中选择一个。这时候，采取务实的态度很重要。为了克服这个障碍，这位妈妈确定了她能做的最重要的事情——帮助她的女儿应对搬家的心理波动。她为自己也做了同样的事情。确定最重要之事，帮助她和女儿从情感上摆脱了焦虑。在她将这些最佳解决方案付诸实践之后，她才开始选择更多的解决方案来解决搬家事务。

当你采取一些措降低负面结果发生的可能性时，就可以减少压力，避免毫无意义的光想不做。这位母亲在处理了自己的情绪和担忧之后，着手搬家过程中的琐碎事务就变得更加轻松，也少了焦虑感。针对类似这种情况，你也可以运用第4章关于成长心态的论述中介绍的技巧。

如何处理既无聊又令人焦虑的任务

我们既会逃避无聊的任务，也会逃避让我们焦虑的任务。但如果一项任务既无聊又让人焦虑呢？对我来说，交税就是典型的例子。它既乏味，又让我担心犯错。当这种情况发生时，这两种感觉（无聊+焦虑）会相互强化。这种叠加效应让我们感到束手无策。

试着拆解你的感受。分别识别每种情绪。问问自己每种感受的强度（0到10分）。例如，“这项任务的无聊程度是6分，焦虑程度是7分。”然后你可以分别解决它们。研究表明，以细粒度的方式识别你的特定情绪（使用准确的单一情绪词，例如“焦虑”）有助于缓解这些情绪。[6]

一旦你识别了具体的情绪，解决方案就会变得更加清晰。

解决无聊感。例如，设定间隔时间工作，比如每工作90分钟，穿插一项你喜欢的活动作为奖励，比如去阳光下散步。

然后解决你的焦虑。例如，可以从任务中挑选那些熟悉的、让你最不焦虑的部分着手。

你在深度工作后做什么很重要

当我们长时间专注于一个项目后，我们往往会在遇到困难或筋疲力尽的时候停下来。如果你试图从卡住的地方重新开始，会很难重启，这可能会触发拖延症。

一个解决方案是当你处于流畅的工作状态时停下来，这样就不会在卡住的地方造成拖延症。然而，有时人们会忍不住一直工作到卡壳或筋疲力尽。

另一个解决方法是在专注工作之后进行一项可以让你的思绪自由游荡的活动（我喜欢开车或散步）。期间，允许你的思绪不经意地回到你的工作上——也许你会想到解决让你卡住的问题的办法。清楚地知道你的下一步是什么会减少拖延的可能。

尝试思维实验“如果我认为阻止我的障碍是虚幻的”

让我们假设你想写一个 TED 演讲稿。这些演讲稿的长度大约在 2000 到 2500 个单词之间。准备演讲的标准建议是，每分钟的内容排练一个小时，因此一个 18 分钟的 TED 演讲需要 18 个小时的排练。[7]你估计你可能会花 18 个小时写作、18 个小时排练。这需要投入时间，但并不是一个疯狂的想法。多年来你一直想做这件事，但从来没有写过一个字。为什么呢？

人们通常会想到一个特定的障碍。他们会反复思考一个特定的想法，比如“写 TED 演讲稿我需要幽默风趣。我需要知道如何写笑话”或者“写什么主题？我所有的想法都不足以改变世界”。我们大多数人都自动倾向于相信自己的想法。我们认为它们是真的。但如果这些想法不是真的呢？如果你开始写作之前不需要任何关于写笑话的知识呢？如果你已经有很多很棒的想法，只是需要从中选出一个呢？

有时人们认为阻碍他们的是缺乏信息或人脉。有时人们认为自己缺乏某种特定的技能或天赋，有时又认为阻碍自己的是个人品质——也许你认为自己不够有魅力或不够吸引人。

当人们的思维局限在完成一项任务只有一种方法时，就会出现这样的障碍。他们的注意力过于集中在某个被感知到的障碍或完成任务的方法上。

实验

想想那些你很久之前就想做但从未真正开始的有价值的工作。阻止你的虚构因素是什么？

先不从逻辑上评估你想法的真伪，请假设它不会成为你开始做的障碍。如果你要开始，你可以完成的第一步是什么？

将这些步骤分段写出，每一段对应一个小时的工作量。

不要忽略某些步骤。编写 TED 演讲稿的第一步可能是花一个小时来理解 TED 演讲的结构。TED 演讲者通常会讲述一个个人故事，一个揭示他们脆弱性的故事，以及一个有趣的时刻。如果你花一个小时查看资料，你就会理解它的格式。

在第二个小时，你可能会收集你对主题的所有想法，查看关于这些话题的其他TED演讲，然后选择一个你的想法。

在第三个小时，你可能会努力回忆与你的主题相关的故事，这些故事揭示了你的个人脆弱时刻。

如果写出所有步骤感觉难以承受，请写出前三个步骤。完成这三个步骤，然后写出接下来的三个步骤。

以一种减少拖延的方式重新定义你的任务

在本书的第三部分中，我将帮助你了解如何使用创造力来完成工作和解决日常问题。从本质上讲，创造力是以新的方式看待事物。这个原则的实际应用是让你创造性地重新定义任务，这将减少拖延的倾向。

一种方法是将一项不熟悉的任务与你已经擅长的任务联系起来。例如，写TED演讲稿很像写博客文章。它们有一些相似的元素：讲故事，快速切入主题，并清楚地说明几个要点。

有时你需要的是一种思维上的转变。与其恐慌或者觉得无聊，不妨试着换个角度看待任务，让自己更有动力去做。

如果我们回到写TED演讲稿的例子，你可能会将“写笑话”重新定义为“讲一个自嘲的故事”或“讲述一个我觉得很愚蠢的故事”。这样一来，你就可以把你的任务重新定义为帮助观众产生共鸣感。讲一个大家都能感同身受的故事，或者调动他们的情绪都可以做到这一点。

实质上，发挥创意是应对拖延症的良药。试着用创意的方式看待你的任务，一点点视角的改变往往会带来不同的想法、情绪和行为。对任务的重新界定，能使你的态度转变为

“我能做到”。重新定义任务是一门艺术。多尝试不同的重新界定方法，看看哪种能激发你的灵感。

实验

这里提供另一种类似的重新定义的方法，不过是用逆向思维来进行。尝试将逆向头脑风暴法用作寻找应对可怕任务的可行方法的策略。问问自己，“一种会让我害怕开始的看待任务的方式是什么？一种会让我觉得这个任务不可能完成并且超出我能力范围的思考方式是什么？”

你可能会想到“我需要像鼓舞人心的专家一样完成这项任务”这样的想法。这可能会让你感到恐惧并且觉得无法克服，产生让任务更令人生畏的想法。用这些想法作为种子，想出相反的、能让你觉得任务更可行的想法。

制作你的最小可行产品

如果你在科技行业工作或使用过精益创业方法，那么你会对这个概念很熟悉。最小可行产品（MVP）是指拥有刚足够满足早期采用者需求的功能的产品。[8]如果你为自己开发产品，那么在某些情况下，你自己就可能是早期采用者。

最小可行产品是如何演化而来的？一个常见的解释示例是火。人类在黑暗中需要光源。起初，我们只有篝火。然后有了便携式火源，例如灯和蜡烛。接着是电池供电的白炽灯泡。最后是电网。[9]

你可以将这种最小可行产品的方法应用于任何事物：烘焙生日蛋糕、创建培训手册、启动 YouTube 频道，或者进行科学或技术创新。

完美主义者有时会使产品变得过于复杂，结果适得其反，例如创建了一个事无巨细的大部头培训手册，却导致关键要点被忽略。

实验

有什么项目是因为你考虑得太过长远（超出了最小可行产品）而一直推迟的吗？例如，你正在考虑开发一个具有高级功能和精美界面的复杂应用程序。实际上，先开发一个具有基本功能的应用程序去验证核心用户需求，将是一个令人满意的起点。

接纳会减少拖延

拖延症表面上看起来是一种消极被动，但有时它实际上代表了一种积极的抗拒心理。当我们拖延时，通常是在顽固地抗拒一项任务的必要性，或者抗拒完成任务过程中不可避免的混乱、负面反馈和不完美。

假设你有一项工作需要完成。你知道这个过程会经历困惑、犯错，不断尝试新方向，以及感到不确定的阶段。你内心的想法可能是："我乐意完成我的工作，但前提是它必须完美无缺，并且能够避免所有混乱，保证成功。"或者，"我乐意完成我的工作，但我不想面对负面反馈。我不想付出全力之后，有人过来指出我工作中的缺陷，然后我不得不返工。我不想经历这样的过程。"

在这些情况下，人们并没有接受做某件事必然会经历的内部（头脑中）和外部（与他人）协调的“混乱”阶段。

有时你可能根本就反感去做某项任务。例如，你可能讨厌填写出差费用清单，因为你觉得应该有一种比手动填写更有效率的方法。

有时我们会拖延，是因为我们不愿意接受我们能实际完成什么事情的客观事实。我们可能希望一口吃掉一个巨大的任务，但由于其他承诺或注意力和精力上的自然限制，我们实际上做不到，因此干脆不做任何与此相关的工作。在这种情况下，你可以尝试一些积极的自我暗示，例如，“我希望一天能完成更多工作，但我必须接受我当前实际能完成的工作量，并从中逐步取得进步。”[10]

实验1

思考一下你一直拖延的一个重要待办事项。问问自己，“我真正需要接受什么才能去做这件事呢？”有时，可能是接受没有尽早着手完成某项任务所带来的懊悔。有时，这可能意味着接受一个混乱的过程或不确定的结果。

为了帮助你更好地接受不确定，回想一下你在第2章制定的时间轴。想想看，接受不确定对你的生活产生了哪些影响。例如，我曾经焦虑不安，担心自己会不喜欢孩子的性格，然后还要和她一起生活至少 18 年。但我接受了这种不确定，现在我非常爱她。

另一种更好地接受不确定的方法是考虑你所拥有的任何确定感是否本来就是一种错觉。现实情况不正是所有事情都充满不确定吗？彻底接受不确定意味着承认没有任何事情是确定的。认为任何事情是确定的想法都是一种错觉。

实验2

使用以下技巧来学习如何更好地忍受特定的情绪，例如因没有更早处理问题而产生的懊悔。尝试将情绪词写在纸上，例如写下“懊悔”。然后将纸条放进口袋里一整天。像往常一样继续你的日常活动。这个练习象征着你愿意感受到那种懊悔。你可以让那种情绪实实在在地存在于你身上，而不会被它所扰乱。即使带着这种情绪，你仍然可以去做你想做的事情。你可以选择任何你需要带着这种情绪采取积极行动的情感词。例如，如果你对一项任务感到反感，那就写下“反感”。让这种情绪存在，然后仍然采取积极的行动。这种技巧改编自一种经过有效验证的治疗形式，称为接纳与承诺疗法。[11]

确定项目每个阶段的乐趣所在

这里还有一种应对焦虑或怀疑等强烈情绪的方法。可以尝试这样做：留心做艰苦工作时体验到的更微妙的方面。例如，项目开始阶段很难，但同时也令人兴奋，充满可能性。项目的中期阶段会考验我们的意志力，但也比从空白开始做更容易一些。在项目后期阶段，我们可能会感到疲惫和厌倦，但同时也会享受看到项目逐渐成形的喜悦。

实验

当你分解一个大型项目时，可以提前确定你期望在每个阶段享受什么。[12]

如何处理重要工作中令人不满意的状况

正如我所说，适度高效的工作有时会因为没有摩擦而在表面上令人满意。因为它更可预测，而且通常持续时间更短。正如之前提到的，不要将工作中没有摩擦等同于高效。做一些重要的事情有时会让你想哭。你可能会觉得搞砸了一切，做出了糟糕的决定！我很少在做价值一般的工作时会有这种感觉，但在做改变人生的工作时却经常会有这种感觉。你是否有同样的感觉？

当你动手做有影响力的工作，但感觉并不幸福时，你该怎么办呢？你没有任何感悟。你感觉很乱，步履艰难。你想知道，尽管付出了所有的努力和奉献，你不确定是否取得了任何富有成效的成果。你可能会想到，做一些效率低下或中等的事情可能会更好，至少你会取得一些小小的胜利。

在这种情况下，少相信自己的直觉。人们常常根据自己的感受进行过多的推断。例如，患有强迫症的人尽管洗手四十秒，仍感觉手很脏。他们认为自己有感染细菌的风险，这是基于他们的感受而不是事实做的推断。这被称为情绪推理。

如果你着手做重要的工作，且尽可能有策略地去做，你就会取得进步，即使你可能没觉得自己有进展。

你越能容忍充满困难的工作，你就越不会拖延。

更多策略

在我的另一本书中，我总结了21个具体实用的解决拖延的策略。你可以在www.AliceBoyes.com的资源页面上找到相关链接。[13]

以下是该清单中我特别喜欢的一个：计划寻求帮助，但并不一定要真的寻求帮助。当我们写电子邮件请求别人给建议时，通常在我们点击发送之前（甚至30秒后）我们就已经为自己解决了问题。准备寻求帮助会迫使你清晰简洁地表述问题。仅仅这样做通常就足以激发你的思考，让你克服任何阻碍你开始的障碍。

当你终于做了一个你推迟已久的重要行动时

每次你终于完成了一个一直拖延的重要任务，都要去反思原因。是什么改变了你之前的想法或处理方式，让你最终着手去做？仔细注意你的思维发生了怎样的转变。一旦你弄清楚了这一点，就可以将你的洞察力转化为未来可用的策略。

你意识到你一直在逃避的任务不会消失，也不会有人帮你完成，所以你开始着手去做。

也许在停下来休息那阵子（也就是你拖延的时候），你突然迸发了一些新的想法来完成任务，或者想到了可以找到相关信息的地方。

也许某种因素让你产生了一种紧迫感或绝望感。这可能促使你重新考虑一种你之前想过但否决了的方法来着手任务。

也许你迈出了一个小小的第一步。结果并没有像你害怕的那样糟糕，于是你继续前进。

也许你从某个地方获得了自信心的提升。这让你更加相信自己能够出色地完成任务。

你修正了自己期望过高的问题。

最后，我想重申，在很多情况下，强迫自己在一周的每个时间段都像机器人一样始终保持高效并不是最有效的选择。

是的，克服拖延症确实需要一些技巧，但不要期望自己像机器人一样完美执行任务。即使你有一大堆待办事项，也别把所有低效能时间都归咎于拖延症。当你接受自己需要一些生产力低下的时间时，反而会出现一种反常的效果。当你不再不断地自我批评时，它将帮助你更具策略性地集中注意力。

要点总结

1. 本章的内容是否改变了你对拖延症的看法？
2. 你认为哪个具体的减少拖延症的策略对你最有帮助？

第9章 定制生产力解决方案，突破抗拒改变的心理阻力

如前所述，如果你的大部分选项为A和B，意味着你可以略读本章。如果你的选项主要是C和D，请详细阅读本章。

测验

1.当你在心理上抵制自己认为的“应该”做出的改变（比如早点睡觉）时，会发生什么？

（A）我会承认自己的感受，并找出不会让我厌恶生活的策略。

（B）我会尝试制定策略，但我并没有完全投入其中。

（C）我试图让改变对我有用，但我很反感这种改变。

（D）我开始有防御心理，并忽略关于该问题的任何建议。

2.你如何积极尝试解决自己的生产力问题？

（A）如果遇到问题，我会定义问题，并提出一系列选项。

（B）我已经改善了一些问题，但有一些反复出现的问题

从未解决。

（C）我尝试了，但要么我想到的解决方案似乎行不通，要么我不想尝试这些方案。

（D）我没有。

3.你知道一些头脑风暴的技巧，可以帮助你找到更广泛意义上的解决方案吗？

（A）当然，我知道很多很酷的方法，比如强制类比和挑战假设。

（B）除了基本技能之外，我还知道一种方法，例如思维导图或逆向头脑风暴。

（C）偶尔我会使用基本的头脑风暴法。

（D）我不进行任何头脑风暴。

4.你能找到简单可行的提高生产力的建议吗？还是说大多数建议令你不知所措或没有吸引力？

（A）我很少使用其他人的系统或建议。我通常可以找到一个更简单的版本。

（B）有时，但经常感觉关于生产力的建议无法实施。

（C）我经常发现关于生产力的建议不相关。它与我的生活方式和责任格格不入。

（D）对我来说，关于生产力的建议太难实施了。

5.思考一个你必须注意的生产力问题。想出至少两种不同的看待问题的方式，以及至少十种完全不同的解决方案，这对你来说很容易吗？

（A）当然，我可以做到。

（B）我会试一试。

（C）我会尝试，但很容易陷入挣扎和气馁。

（D）这感觉太难了。我不会尝试的。

你并不会对所有提高生产力的建议都产生共鸣，甚至有些建议听起来根本无法实行。一遍遍听到同样的建议可能会让人厌烦透顶。

你可能听过生产力专家们讨论使用智能开关在晚上十点自动断网的诀窍，或者把电视机的电源线放在一个不方便够到的地方。大多数人能理解这些想法背后的用意，但他们仍然不愿意这样做，或者他们住在一起的人不愿意这样做。

如果大多数人都忽略这些建议，那么这些建议还有多大用处呢？它们常常会让接受建议的人觉得自己缺乏自制力。并不是说这些建议本身不好或者无效，而是想要真正做到这些事情，你需要达到一个独特的心理状态。

有些建议对某些人来说永远没有吸引力。我们不是服从行为心理学指令的机器人，我们也有思想和感受。

如果你这样想，你就能理解纯粹行为心理学的局限性：当心理学家改变他们自己的行为时，并不是因为他们学到了一个原则然后当天就应用了。很有可能他们早在二十年前，在大一的心理学入门课程上就学到了这些原则。直到很久以后，生活中的种种经历才会让他们走到做出改变的那一刻。并且，他们也可能无法永远坚持新的习惯。

我经常更换策略。如果你想要改变行为模式，那么在某种程度上，顿悟时刻需要发自内心，这个想法要感觉像是你自己想出来的。

理解建议背后的原则

我非常尊敬的一些同事对一些自我强加的规则深信不疑，比如晚上八点下班后切断工作状态。[1]还有其他同事则认为居家办公的人应该穿上工作服，绝对不要躺在床上工作。然而，这些建议对我来说都不合适。

例如，居家办公时穿着工作服的建议。这背后的原理是条件反射。工作服会向你的大脑发出信号，表示你即将进入工作模式。但工作服本身并没有什么特别之处。你可以选择任何暗示即将开始专注工作的信号。任何与工作相关的信号都能让你与工作产生关联。

一些建议可能针对的并不是你存在的问题。例如，如果睡前阅读工作电子邮件不会影响你的睡眠，那么你就不需要针对这个问题寻找解决方案。“晚上八点后停止查看任何与工作相关的事项”之类的建议可能对许多人来说非常有效，尤其是在他们早睡的情况下。如果对你来说效果不佳，那就专注于背后的原则吧。如果你想要在工作时保持最佳状态，那就应该在一天中抽出一些固定时间来与工作保持分离。

“简单”的专家建议通常让人觉得难以应付

这周我听了一个播客，节目主持人和嘉宾讨论了改变日常生活习惯如何能提高创造力。[2]主持人提到的一些“简单”建议实际上也会让人觉得难以应付，比如周末尝试一项新活动来提高创造力。

然而，一些巧妙的解决方案确实可行。嘉宾斯科特·巴里・考夫曼教授指出，研究表明，即使是日常生活习惯的微小改变也能提高创造性任务的绩效。有多简单？改变你执行任何日常任务的方式，比如制作三明治的顺序。[3]或者往麦片碗里先倒牛奶，而不是先放麦片。我可不是在开玩笑。你可以听出主持人声音中松了一口气。终于有人提出了一个他们觉得可以实现的干预措施。它们没有被列入另一个让他们感到愧疚却永远无法完成的事务清单。

几乎任何建议都存在可行的版本，只是需要时间去发现。

不会持久的行为改变仍然有价值

我最近听到《美食、祈祷和爱》的作者伊丽莎白・吉尔伯特谈到了她已经坚持了二十年的日常生活惯例。她每天给自己写一封“来自爱的信”，并谈到这如何帮助她管理情绪和决策，并生活得更加清爽。[4]

当我听到这样的日常活动时，我（真诚地）想：哇，这真是令人印象深刻且令人惊叹。我还想到：我可不想这样做。回想一下第1章，有些人靠长期保持一致的习惯而成功，而另一些人则靠更多样化的习惯。你的气质很重要。很难说一种气质比另一种好。而且无论你是否通常依靠常规而成功，强大的常规可能对你的生活或项目的某些阶段至关重要，但对其他阶段则不然。

每一个习惯都是约束。即使是每天深度工作的习惯也有一些缺点。它让你没有几天放松心情的时间。如果你有一个遵守了几十年的清晨习惯，你就无法从床上跳起来就直接全身心投入一个项目。

我之前提到改变你的日常生活习惯有利于创造力。有一种说法认为短期改变具有最大的创造潜力，因为这些改变涉及频繁地改变你的日常生活习惯。

可以尝试改变你的日常生活习惯，但也不必给自己施加压力去寻找一种理想的习惯。这样做可以帮助你不断调整更适合自己的工作节奏，对习惯持一种开放的态度。

实验

考虑一个你并不想永久改变的行为习惯。你知道长期的改变对你来说是错误的。例如，也许你是一个极端的夜猫子。切换到早起习惯一段时间。看看这种不同的例行程序对你的工作有什么影响。或者每隔一段时间，当你的孩子上床睡觉时，你就上床睡觉。当你比平时提早一两个小时醒来，感觉精神焕发时，看看你的工作效能如何。我说过，我是一个极端的夜猫子。然而，我也喜欢偶尔一天早睡早起。

如何以你自己的创造性方式提高你的生产力

人类的生产力问题是什么样的呢？

不久前，我看了一段YouTube视频，其中埃隆·马斯克参观了一家特斯拉工厂。[5]他谈到了工厂生产流程的持续优化。这包括：

- 删除流程中不必要的步骤（先淘汰后优化原则）。
- 调整设备，使其能够以更快的速度完成任务。
- 更好地处理整车从一个巨型机器人到另一个机器人的烦琐

交接。

- 最大限度地减少设备故障导致的延误。

与工厂或仓库的生产过程相比，人类生产力问题有更高的心理复杂性。它们通常不是传统生产力建议（例如写较短的电子邮件）所涉及的问题类型。

以下这些是人类常见的生产力问题的例子：

- 我要完成的工作量很大，除了不懈努力以完成它之外，根本没有做其他事情的闲暇。
- 我晚上看电视到很晚，睡眠不足，第二天就觉得很疲劳。我熬夜是因为我渴望个人休息时间，深夜是我唯一的闲暇时间。
- 我的工作领域不是CEO的首要任务。其他更关键的领域获得了更多资源和关注。
- 如何成功履行我的工作职责？怎样工作更有意义？有时，工作单位对前者和后者的观点并不一致。例如，我是一名教师，学校关注的重点是让孩子们通过标准化考试。我想关注比这更有意义的结果。
- 我的工作环境不强调任何创新，只专注我们执行现有系统和流程。例如，我在家庭医生办公室工作。工作重点是接待求诊的患者，并以惯常方式实施治疗。
- 我的团队环境不利于创新性的冒险。人们只分享完全成形的、传统的想法。如果有人分享更多探索性的、不完整的和潜在的坏想法，就会在团队中失去社会地位。这甚至可能导致其他小组成员的敌意或嘲笑。
- 因为我的个性，大家对我有偏见，我需要两倍努力才能取得二分之一的成绩。

- 社交能力更强的同事比我得到更多的机会。
- 我的生活中有些事情让我很难在工作中保持最佳状态。
- 我在做一些不应该拖延的事情时会拖延。
- 同侪压力让我感到很失败。我想在我的职业生涯中脱颖而出，但我的同行和竞争对手似乎都比我强。
- 我有一个高效的流程（例如，利润丰厚的业务，或我可以闭着眼睛做的工作），但我对那项工作失去了兴趣。

一些生产力问题很常见。另一些问题则影响一小部分人。一般性的提升生产力的建议通常不会涉及不太常见的困境。如果要确定我的主要问题，我会这样描述：

我主要是独自工作，这种方式有利于深度工作。我受益于免受分神和干扰。我不必过多地管理社交活动。然而，我知道更多的合作会让我受益。我应该利用我的专家身份和平台与其他专家进行更多合作。我的犹豫是，我很想保住自己为进行深度工作而创建的惯例。如果有其他人的参与，那就会将事情复杂化，我对此很忧虑。

如你所见，我最紧迫的问题不是太多的电子邮件、太多的干扰或太多毫无意义的会议。每个人都会有一些常见和不太常见的生产力问题。这就是为什么你需要独特技能来解决你自己独特的问题。

没有放之四海而皆准的解决方案。我经常使用的一句话是“一个人的灵光乍现是另一个人的白眼蔑视”。一个解决方案对你来说是天才想法，对其他人则没有任何吸引力。反之亦然。

此外，在生活中的某个时刻，一个想法让你不屑。但是它可能会在另一个时刻让你顿悟。有时，一个人会突然间狂热投入深度工作、睡眠、冥想、投资于人际关系、置身于不同团队之中，或者在晚上完全停止工作。听起来我好像在嘲笑这种类型的转变，但我不是。人们的演化通常就是这样的。你可以安然接受它。

如果你消除了做出永久性改变的压力，你就可以尝试更多改变。

对生产力问题进行头脑风暴的指南

你的一系列生产力问题和首选解决方案对你来说是独一无二的。因此，你需要一个可重复使用的系统来寻找解决方案。

创造性的解决方案诞生自大量的想法。如果你思考一个生产力问题，你可能会一遍又一遍地想到同样的三到四个解决方案。你可以尝试头脑风暴，提出更加多样化的解决方案。从中你最终会找到一个可行的方案。解决方案有时看上去非常吸引人。但你还是需要定期重新审视你的想法，不断修正，最终接受它。

从根本上说，如果你找不到新鲜想法，这意味着你还没有找到正确的模型或视角来审视你的问题。你需要看到不同的类比，这样你才能看到新的解决方案。

实验

选择两个生产力问题，来练习这种方法，以实现多样性。从其中一个问题开始。

第1步：以不同方式定义你的问题。例如，如果你的兴趣不是CEO的首要任务，你可以将你的问题定义为让CEO接受你的思维方式，或者弄清楚如何在没有CEO支持的情况下做你想做的事。

如果多个定义看起来都有帮助，你可以一次选择一个，或一起研究它们。将你对问题的定义写在一张大纸上。纸张有助于你更容易地将一种想法从其他想法中分离出来（思维导图风格）。

第2步：使用正式的头脑风暴策略使你的想法多样化。

你可以尝试以下策略。

逆向头脑风暴。正如之前提到的，这是一种通过识别如何使问题变得更糟糕来解决问题的创造性方法。例如，如果你想做最没有意义、影响最小的工作，你会做什么？然后，将恶化问题的答案进行翻转，这些翻转后的想法往往能带来意想不到的解决方案。

挑战假设。质疑你最初解决问题的固有思维模式，尝试挑战或颠覆它们。

例如，你是一位夜猫子，孩子们睡着后，晚上九点到十一点之间是你创造力最旺盛的时期。这段时间结束后，你仍然需要一些放松时间才能为第二天工作做好准备。因此你经常熬夜到凌晨一两点。按照惯性思维，解决这个问题的方法可能是减少放松时间或是让自己早点进入工作状态。但如果打破这些假设，你可能会想到在白天抽出两个小时的属于自己的时间来充电。

真正的假设逆转会更进一步挑战常规思路。比如说，传统上，人们认为电子邮件应该简洁明了，越短越好。我们挑战一下这个观点：如果通过写更长的电子邮件而不是更短的来提高效率呢？我将在本书的资源包里提供有关这种方法的更多示例，网址是 AliceBoyes.com。[6]

随机输入。随机选择一些东西，比如鸟、风暴或蔬菜园艺。列出你随机选择的东西的属性。考虑一下这些属性如何与解决你手头的问题相关联。如果你对此策略感兴趣，请谷歌搜索“random input brainstorming”，以获取更多信息。

强行类比。随机选择一个问题，比如过去遇到并解决过的问题。如果用历史问题的解决方式去解决你现在的问题，那该如何做呢？

当你找到可以与你的问题相类比的另一种范式时，就会发现创造性的解决方案。（我将在本书的第三部分中以很多方式向你展示如何做到这一点。）

第 3 步：设置一个计时器，并尽可能多地产生想法，无须评估这些想法。你可以自由选择多长时间，但尽量不要超过十分钟。尝试获得至少十个想法。在与问题发生地不同的地方进行头脑风暴（例如，家里、工作地点、咖啡店、公园、图书馆），给自己一些距离感，并减少锚定效应。

第 4 步：当你处于不同的心态和不同的地理位置时，重复你的十分钟头脑风暴。如果上一次头脑风暴是在专注时尝试的，请在你疲倦时试一下。如果你在愉悦的心情下尝试过，那么在你悲伤的时候试一下。如果你上一次是在家里尝试，请在咖啡店试一下。争取总共获得二十个想法。

想出很多点子意味着其中会有不少愚蠢的想法。允许自己这样做。愚蠢的想法也可能会变成好的想法。我称之为兔子跳。

第5步：休息几天，之后再评估你的想法。换一个时间和地点来重新思考这些想法。评估任何有潜力的想法。精简有潜力但过于复杂的想法。如果你倾向于制订复杂的计划，你可能需要采用有助于抵消这种倾向的策略，例如问自己如下问题：如果我只能通过减法而不是加法来解决这个问题，那我该怎么做呢？[7]

优先考虑那些只需要一次性努力，而不需要养成习惯的想法。

为执行一个想法制订具体计划。当你实施你的想法时，你可能会遇到意想不到的问题。你的期望有时会变得不切实际。如果发生这种情况，请调整你的解决方案，直到它起作用。

对由此产生的任何结果持开放态度。例如，此过程可能会导致你转而尝试传统解决方案或你之前考虑过但拒绝了的解决方案。这经常发生在我身上！或者，你可能会发现对传统方案进行细微改动会更适合你。

拓展。与同样做此练习的朋友/同事交换问题。不要先看对方的想法，花十分钟为朋友/同事的问题想出尽可能多的点子。请记住，它们不需要实用（现在还不需要）。交换完成后，添加你感兴趣的或能激发你思考的任何新想法。

梳理工作流中的小问题

为你的工作流列一个问题清单

让我们将注意力从之前关注的重大生产力障碍和挑战转移到更小的层面。你的工作流中也会存在一些恼人的低效率问题。这些问题更像是工厂流水线的问题。尽管我尽量避免用计算机术语来描述人类的生产力，但这里有一个我喜欢的类比。“问题清单”来自计算机编程术语。它指的是程序员寻找并系统修复代码中的错误。代码中的错误会导致代码无法执行或执行意外的操作。“问题清单”的概念也适用于设计思维领域。产品设计师用它来识别产品使用的不便之处。[8]

实验

你可以利用“问题清单”的概念逐步系统地改善工作流中效率低下的部分。用一到两周的时间列一个问题清单。当你想到问题或遇到问题时，都要把它记下来。刚开始你不必承诺修复任何问题，也不需要排序，你只要列出清单就行。

做一个敏锐的观察者。在这个过程中以人为本。为了说明这一点，以下是我列在清单上的示例。

- 有时我不记录我是在哪里读到或听到的想法。这样一来，当我引用材料时，就会产生问题。我需要寻找具体的参考资料，并确保正确写明参考来源。如果想法来自播客，这通常意味着重新收听，以找到该段内容。
- 我喜欢在工作之余与我的配偶和女儿一起散步。我无法让我的配偶在指定时间准备好出发。比方说，如果我们计划下午

14:00出发，那肯定是下午14:20才出门。这浪费的时间让我抓狂。

- 我偶尔会在荒谬的事情上浪费时间，尤其是在决定如何最好地使用即将过期的奖励积分时。

创建问题清单的指南

彻底挖掘每个主题。一旦你发现了一个问题，你很可能会有这一类别的其他问题。以下是一些可能发现的问题：

- 身体状况未处于适合工作的最佳状态（睡眠、健身、饮食）。
- 双重处理（当不必要地向过程添加额外步骤时，例如，如果建筑材料在建筑工地被放置在错误的地方，然后其他人必须去搬运它们）。
- 消耗精神能量的开环（未做的决定、对未完成的任务感到内疚、等待某人回复的时间段）。
- 本可以自动化执行的任务，而你手工完成。
- 你正在做的事情根本不值得做（如果你发现你只剩下五年的寿命，你就不会去做你现在正在进行的项目）。
- 沟通不畅或沟通过度。
- 分心。
- 设备故障。
- 缺乏工具或知识。
- 重新发明轮子（做无用功）。
- 人际关系问题，例如你的同事惹恼了你。
- 态度问题。
- 相互打架的优先事项。
- 支离破碎的日程表（如果你还没有解决这个问题的话）。

不要害怕列出棘手的问题。这不是犯傻。例如，写完文章之后，再添加参考文献，这非常耗时。然而，一边写一边添加参考文献会扰乱我的创作流程。描述问题之所在，而不是批评自己。这样做会为你指出解决方案，例如“在不拖累进度的情况下，我怎样才能更轻松地一边写作，一边加入参考文献”或者“我应该花一个小时去寻找参考资料的出处吗？如果用另一个例子来说明相同的道理，从而省去寻找参考资料出处的一小时时间，是否会更好”。

你列出的问题和解决方案不应该只是同一主题的变种。尝试从截然不同的角度来看待问题。缺少解决方法的知识并不会阻止你列出问题本身。如果你每一到两周时间才整理一次问题清单，你可能会错过频率较低的问题。遇到这类问题时，可以及时添加到清单里。

寻找工作流问题的解决方案

这里有一些解决方案。如果你想让它们成为习惯，你将需要一个“如果……那么……”规则，以此来触发解决方案。“当X发生时，我会做Y。”例如，如果我的家人还没准备好在约定的时间出去散步，我会绕着街区走一圈，然后转回来看看他们是否准备好了。

使用我们之前讨论过的任何策略来解决工作流中的问题。你可以尝试以下方法：

- 重新利用过去对你奏效的解决方案，即使是在其他领域使用的。
- 创建可重复使用的新系统，可以帮助你解决多种同类型的漏洞。

- 使用头脑风暴技术。
- 利用数据来指导你。
- 运用你对自己天性的认知来产生创意。
- 运用接纳思维，换个角度看待问题。

如果找不到可行的创意解决方案，可以等到学习完本书第三部分的内容之后，重新审视你在本章确定的问题。将那些建议应用到你在这里定义的问题上。如果你感兴趣，这里有一些针对我之前提到的工作流漏洞的示例解决方案：

- 如果重新寻找参考文献的来源需要十分钟以上的时间，我将忽略它，而不是花时间寻找它。你可能已经注意到，这反映了一个原则，那就是在开始特定路径之前考虑多个路径。在这种情况下，我考虑了不使用参考文献这一条路径。
- 我发现我可以在谷歌学术搜索中输入标志性的词汇，它会找到我要找的文章。我在前面提到著名电影演员格温妮丝•帕特洛的故事。我就是这么找到这个案例的。我在谷歌学术中搜索“Gwyneth Paltrow willpower”。令人惊讶的是，包含该示例的学术论文出现了。
- 我选择接受一些问题，例如当我们计划去某个地方时，我的配偶习惯性地不能按时出发。
- 当我将某决定归为不重要时，我可以快速做出合理的决定，并继续前进。

你的解决方案只需要以适合你的方式解决你的问题就行了。

给完美主义者的建议

追求完美的人可能会为看似有明显解决方案却难以实施的问题而烦恼。举个例子，你认为午休时做7分钟的锻炼会帮助你提高下午的精力，但你却无法说服自己去做。也许你会对自己说："那我从1分钟的跳跃开始吧。"但这种情况根本不会发生，或者只发生几次就不了了之了。如果你无法强迫自己去做某件事，那就接受这个现实，然后继续前进。这种解决方案并不适合你，尝试其他途径来实现你的目标。

如何克服心理抵触情绪

让我们考虑一个假设的案例研究。塔米卡知道睡个好觉能让她更好地集中注意力。然而，她对诸如晚上20:00关掉所有电子设备以便早点睡觉之类的建议感到厌烦。她反感别人让她放弃一天中最让她愉悦的部分。另一方面，她又厌倦了在工作日因疲惫而效率低下。当她筋疲力尽时，她只能硬撑着熬过这一天，根本没有精力去考虑自己当天做的是否重要或有意义的工作。

当人们对特定建议感到抵触时，他们常常会就此打住，不再前进。塔米卡不想放弃自己的休闲时间。当人们告诉她应该早点睡觉时，她会觉得："你是说我连这点可怜的个人时间都不配拥有吗？"

换个角度想，与其执着于那些对她无效的建议，不如试着发挥创意。成为一个早睡的人并不是她想要达成的目标。相反地，她将目标设定为睡更多觉，这才是她真正想要的。

比如说，她可以试着每晚增加15分钟睡眠，而不是追求

1个小时。她可以找到一个能让她多睡15分钟的方法，也可以找到三个能让她多睡5分钟的方法。

有了这种态度转变，她可能会产生以下一些想法：

- 让孩子们按时上床睡觉，而不是总推迟15到30分钟。她认识到，如果按时开始做晚饭，孩子们的睡前放松环节也会按时进行。孩子们早点上床睡觉，她也就能早点睡了。
- 给孩子们的房间装遮光窗帘。她认为这样可以帮助他们在夏天更早入睡，更晚起床，从而让她也能睡个好觉。
- 她考虑早上是否能多睡5分钟。也许她把闹钟设成7:00只是因为这是一个整点时间，但实际上在7:05起床，她仍然有充足的时间准备出门。
- 她放下内疚感，不再纠结于晚上需要独处的时间。相反，她仔细观察哪些活动能让她觉得拥有了所需的时间。也许有一些活动可以在更短的时间内让她感到精力充沛。也许她会发现自己独处时做的某些活动根本没有让她放松。她可以放弃这些活动，也不会失去什么。
- 她尝试在白天找到更多的独处时间。塔米卡想看看午休时散步是否能替代一点点晚上的独处时间。

当她的目标更小的时候，她可以找到不会让自己感到抵触的解决方案。她可以测试出自己喜欢的方法，并找到实用的组合方式。

绕过心理抵触情绪的额外建议

考虑季节性或其他非永久性的改变的影响。也许天朗气清时，塔米卡很容易觉得午休时间拥有了独处时光，但在冬天就比较困难。人们对永久生活方式的改变会比暂时性的改变产生更多的抵触心理。

尝试将注意力从立即改变转移开。快节奏文化会告诉你，立即采取行动对想法至关重要，犹豫被视为生产力的敌人。但个人改变通常需要一个思考阶段。[9]即使你有想法但没有采取行动，也并非所有努力都将付诸东流。如果你想立即实施，可以去做，但花时间仔细考虑改变也是可以的。

尝试多次回顾你所有的想法。添加新的想法，修改现有的想法，或者尝试从新的角度看待你已经考虑过的事情。最终，你会找到一个感觉可行的方法。

尝试为另一个问题想出一个解决方案，该解决方案可以帮助你解决当前问题。在第5章中，我提到过强大的深度工作习惯如何解决了我的大部分优先级排序问题。我太累了，无法做太多其他事情。如果没有直接解决你问题的方案，你就需要迂回战术。改变你的行为或惯例中的另一个方面，让它能影响并改善困扰你的问题。

要点总结

1. 你最想将本章的建议应用于解决哪个问题？

2. 你能直接解决这个问题吗？还是你存在太多心理抵触？你是否需要通过改变另一个习惯或优化环境来间接解决它？

第 10 章 从重复性的计算机任务中解放出来

如前所述，如果你大部分选项为A和B，意味着你可以略读本章。如果你的选项主要是C和D，请详细阅读本章。

测验

1.你是否使用自动化解决方案来处理枯燥、重复的计算机任务（如调整格式或查找和整理信息）？

（A）是的，我已经将任何重复的任务自动化处理了。

（B）我使用一些自动化解决方案，但我手动完成一些重复性任务。

（C）我的工作方式中有很多低效之处。

（D）没有。

2.你是否经常能找到自动化解决方案，以减少不必要的手工劳动？

（A）是的。

（B）有时候。

（C）我精通我工作中使用的技术，但我不探求新颖的技术。

（D）不自信。

3. 对于重复性的计算机任务，你是否想过要寻求自动化解决方案？

（A）是的。

（B）有时候。

（C）偶尔。

（D）我手动做所有事情，不考虑是否可以自动化。

4. 你有没有聘请过程序员，来自动化你的部分工作流程或业务？

（A）是的，多次成功。

（B）是的，有一次成功。

（C）有，但不成功。

（D）没有。

5. 数据能帮助你看到结果和机会吗？还是让你感觉凌乱、不知所措或困惑？

（A）我的自动化系统只提取我需要的数据。这让我能看到清晰的画面，比我肉眼所见的效果更好。

（B）是的，但还有改进的余地。

（C）我有有用的数据，但其格式不便于我发现规律。

（D）你在说什么啊？

本章探讨如何使用程序代码或软件来自动执行无聊的计算机任务。我怀疑对于大多数读者来说，这不会是他们喜欢的一章，但有些读者会发现本章是他们的最爱。无论怎样，你都可以自行选择阅读或忽略本章。

在探讨生产力的书籍中，与关于睡眠和锻炼的建议一样，学习编程的建议是我可以给出的最陈词滥调的建议。但我并不是真的建议你学习如何编程。让我解释一下。

我的很多同事会编程。我也有这个副业。它让我大开眼界，教会我如何在工作流程中自动执行重复性任务。最初，我从学习如何运行朋友编写的代码开始。然后我对他们的代码做了一些小的调整。接下来，我学习了如何在网上查找代码，并根据我的需要对其进行微调。我仍然不会编程。我能勉强写点代码，就像两岁孩子学说话一样。但是，我现在对自动化重复性任务有了足够多的了解，让我们一起看看有什么新的可能性。

令人惊讶的是，在工作流程中使用自动化技术的最大障碍可能不是技术因素。那是什么呢？是不太了解自动化如何改善你的生活和工作，以及可用的工具。你并不知道你的知识盲点。

一些自动化解决方案不需要任何编程知识。而其他一些方案则需要。一旦你了解了该方案的潜力，你就可以找人帮助你创建一个脚本，来完成你的重复性工作。或者你可以使用现成的工具。很多时候，烦琐的任务会有一个预制的解决方案，但你却并不知道它的存在。

消极假设如何妨碍你

一些最有用的解决方案很简单。简单到令人尴尬！以下是一个有趣但令人恼火的故事。在大学里，我被教导在句号和新句子的开头之间要有两个空格。这是当时心理学领域的学术规范。这一习惯变得如此根深蒂固，以至于我仍然不自觉地这样做。但现在所有审稿人都要求句号后面只留一个空格。多年来，我一直在浪费时间手动删除多余的空格，直到我找到一种自动化处理的方法。现在我使用“查找和替换”来查找两个空格，并将它们替换为一个空格。就这么简单。我可以在一分钟内处理好我的整个文档。

这个故事的重点是什么？我经常使用“查找和替换”功能。但是，我曾误认为它不适用于处理空格问题。我尝试了这一功能，它立即解决了我的空格问题，真是太神奇了。（回想起多年来手工删空格的辛苦，也是够令人心碎的！）

在尝试之前，你不会知道自动化如何帮助你，问题是人们不去尝试。如果你有适当的技术能力，并愿意尝试一下，并且你精通信息搜索，那么你就可以实现自动化。不要让心理障碍妨碍你！

自动化的示例

以下是我使用自动化的一些方法。如果这看起来很复杂，请不要惊慌。在下文中，我将提供一些简单的选项，即使是最不了解技术的人也可以使用。现在我将说明自动化对你的潜在助益，即使你不在科技领域工作。

- **分离出来最需要改进的部分。如果我正在练习演讲，我会使用语音转文本的听写工具，来确保我吐字清晰。如果该工具错误理解了我说的一个词，我会努力练习，以便更清楚地发**

音。这种方法可以帮助我快速找到问题所在。这让我不再那么担心口音问题，因为我可以分离出来具体问题并解决它们。

- 按预定时间间隔提取信息。Google Apps Scripts是一种编程工具。我使用它的一个程序每小时搜集一次我的书在亚马逊网站上的销售排名。如果排名太低（差）或太高（好），程序都会通过电子邮件提醒我。这有助于我了解哪些宣传有助于我的图书销售。
- 及早收到警报。我的副业之一是转售物品。当热销商品打折时，它们通常会很快售罄。公司通常会公布打折促销的日期，但没有具体时间。我使用一个叫Distill.io的免费应用程序来监控网页的变化。该应用程序可以监控页面上的各个元素。一旦打折销售开始，网站上的一个按钮将从“缺货”变为“添加到购物车”。这时程序会发出警报。我使用相同的应用程序来监控缺货商品何时有货。
- 数据生成。Google Sheets是类似于Excel的电子表格软件。我使用它的高级功能来自动化数据生成。高端的算法有助于加快处理我的各项业务数据。它们还帮我看清楚趋势和规律。通过结合高级算法和数据表，我可以了解商品的销售速度以及哪些类似商品销售速度最快且价格最优。
- 监测供需。我在一个网站上销售商品。我使用该网站的API（应用程序编程接口）和我编写的一个Google Apps Scripts程序来获取某些商品的最低价格。我的程序每小时都会提取价格信息，并将其连同日期和时间一起输入Google Sheets表格中。如果价格高于或低于某个阈值，程序将生成一封电子邮件来告诉我。这有助于我了解价格是上涨还是下跌。我可以更好地判断我该持有商品的时间。如果价格突然下降，这通常意味着该商品已在某个地方打折销售。这为我提供了在这次打折销售中购买该商品的潜在机会。

如何在不编程的情况下开始自动化

无论你的技术水平如何，你都可以将工作流程的某些方面自动化。

简单的例子：

- 使用网络日历来显示你的空闲时间，并允许人们预订或更改他们的预约。
- 在日历上标注重复发生的事件，如每月的信用卡还款日。
- 使用Google Sheets来做数据分析。只要点击界面上的“探索”功能，它就能自动生成各式统计图表。
- 安排电子邮件，例如一系列定期发送的电子邮件。你可以使用Mailchimp等电子邮件服务系统来做到这一点。
- 创建QR二维码，以简化选择接收信息的过程。例如，那些想在工作坊后接收你的电子邮件通讯的人。
- 你可以使用Grammarly和ProWritingAid等工具来改进你的写作。它们都有一个在线编辑器工具，你可以将你的文章粘贴到其中。

学习使用代码的好处

你有兴趣更上一层楼吗？学习一点点编程可以帮助你更系统地思考。

当你想让计算机做某事时，你需要准确地告诉它该做什么。你必须指定每个微小的步骤。如果你尝试编写或改编代码，你会获得很好地思考一项任务的每个步骤的机会。

这改变了我处理项目的方式。在大学里，我总是在开始之前很费劲地勾勒出论文的大纲。我现在更善于思考完成一项任务各个步骤的最合乎逻辑的顺序，并弄清楚如何消除不必要的步骤。

作为初级程序员，在编写脚本的过程中，你需要从可实现的部分开始。然后再逐步解决那些不熟悉的部分。这种实践经验可以帮助你以同样的方式应对其他挑战。

学会像软件工程师一样思考有很多可转移的好处。它将使你的思维方式和处理项目的方式更加系统化、高效且易于被他人理解。工程师非常擅长将项目分解成块。他们高度专注于编写高效的代码。优秀的程序员在他们的代码中使用清晰的注释来加以解释。这样，其他人将来可以轻松地使用它。

共享有用的代码是一种很好的社交方式

对你非常有用的东西很有可能也会对你的同事助益良多。

如果你编写了一个用于自动化工作流程的程序，你可以与许多同事分享。我把我的程序分享给了别人，别人也会给予我回报。每次我使用别人的代码让我从烦琐的工作中解脱出来时，我都会与慷慨地编写和分享它的人产生一种联系。

要点总结

1. 你想自动化哪些重复性任务？

2. 这样做需要付出多少努力？

提升注意力和毅力的快速提示

作为第二部分的总结，本部分列出了有关如何提升注意力和毅力的要点。我在这里提供一个精简版本，以便你在需要提醒时可以轻松参考。

像锻炼身体一样训练你的注意力和毅力。你对专注工作的“肌肉记忆”越多，就会越容易全神贯注。

将更多任务界定为不重要的任务。完美主义者常常很难将任务标记为不重要。[1]将任务标记为不重要，可以让你可以赶紧处理掉它（或不去做它）。你不必为它全力以赴。这种转变帮助你将注意力集中在可能影响你成功轨迹的任务上。你不可能在不重要的任务上投入过多的精力而又不付出代价。

以减少死胡同的方式工作。例如，如果你被某人拒绝，养成提问的习惯，仍可从互动中获得价值。被拒绝后，可以问:“你还建议我尝试联系谁？”关键是每次互动中都要找到一些价值，即使被拒绝了也一样。这样能让你不断前进。这不是个死胡同，而是迈向正确方向的一小步。想想你以后如何运用这个概念避免卡住吧!

避免冷启动。在深度工作之后，做一项可以让你的思绪得到休息的活动。你的大脑自然会帮助你解决困境并计划下一步。这将让你重新开始工作时不会拖延。

提出问题，帮助你勤奋地完成任务并消除错误。提出开放式问题来填补你知识上的空白。例如，“人们通常会忽略这个问题的哪些方面？”或者“如果你处在我的境地，你会做X、Y还是其他事情？”向人们寻求建议还可以加强彼此间的联系。

你的工作时段应该有一个有意义的、专注的目标。列出一个具体的计划。计划可以是探索性的，比如“花两个小时尽可能多地了解……”或“花两个小时为……创建一个大纲”。

如果没有头绪，也大胆去做。有时，你可能需要采取与计划性相反的方法，即只承诺在设定时间内去做某件事——例如，如果你不知道如何启动特定任务。记住，如果一项任务感觉阻力很大，也没关系。这不是恐慌或担心不能取得进展的理由。对于一些不熟悉的任务来说，这种感觉也是进步的一部分。

择要事为之。有时为了集中注意力，你需要缩小注意力范围。计划好在下一个工作时段做什么能够推进你的项目。暂时把看上去你应该去做的其他事情放在一边。

完善有效分配注意力的策略。有些人一次只专注于一个工作项目。有些人则面临几个不同的角色或项目。例如，埃隆·马斯克管理着特斯拉、SpaceX和隧道挖掘公司（The Boring Company）。或者，假设你是一名大学教授，给大班上课的同时还要搞科研。或者你为人父母，需要将注意力分散在抚养孩子和职场之间。你需要制定策略，并尝试例行程序来帮助你在特定时间更好地专注于一个角色。在搬到得克萨斯州之前，埃隆·马斯克每周在湾区的特斯拉工作几天，在洛杉矶的SpaceX工作几天。[2]这种地理位置的不同可能有助于让他的大脑聚精会神。其他人在安排自己的日程时，会将大部分精力集中在一个项目上。大学教授有时会将所有教学任务塞进一个学期，这样他们就可以在其余时间专注于科研。[3]制定策略，进行测试，持续优化。

做难事。当你顽强地坚持解决难题时，你会获得强大的自我认知。如果你总是选择简单、方便、低压力的方式，你就会错过这一点。如果你习惯性地让别人帮你处理难题，或者把艰难的决定留给别人，那么你将无法磨炼出顽强坚持的技能。解决难题的经验越多，你解决难题的能力就越强。你会培养出一种以解决难题为优势的做事风格。

对抗习惯中断的方法。习惯中断可能是因为特殊情况（例如旅行、非同寻常的责任）造成的，也可能是因为疲劳。如果我休息后对恢复工作习惯感到畏惧，我通常会用 30 分钟的线上学习作为热身。这足以让我克服惰性，重新回到习惯中去。找到适合你的方法吧！

别瞎忙了！
告别忙碌而低效的人生

第三部分

如何更具创造力和远见

本书的主题是生产力。尽管我到目前为止已经说了这么多，但一些读者可能仍然不明白，创造力为何与本书有关。让我们快速概述一下本书最后这一部分的意义。

在这一部分中，我将帮助你减少对创造力的焦虑，并更好地了解你的创造潜力，即使你目前不认为你很有创造性。每一个人都是一个创造性的生命。

和你在提高生产力上付出的努力相比，你在创造力和勇气上所付出的努力是你获得成功的更重要的因素。但在艺术领域之外，许多人并没有付出任何努力去创造或创新。

有时，人们无法开放创新，因为他们心理上遇到了麻烦。他们被太多的事情压垮了。或者有人可能无法开启创新，因为他们已经无法发现自己的创新性。让我们从一个小测验开始，评估你对创造力的开放程度。你可以使用此测验来设定目标，并衡量你在本书这一部分中的进步。

测验：你对创造性的开放程度如何？

本测验的格式与每章开头的其他测验不同。请对以下陈述进行评分，从1=强烈不同意，到7=强烈同意。在问题旁边写下你的评分。

回答完下面的测验后，请突出标记低于期望的答案。使用后面几页中概述的策略进行改进。

- 我发现创造性活动令我充满活力而不是筋疲力尽。
- 我会一时兴起而做新奇的活动。
- 我的生活很有情趣，并经常参与有趣的活动。
- 我会去寻找那些激起我好奇心的问题的答案。
- 我利用同理心来更好地理解情况。
- 我从新的视角审视熟悉的景象。例如，我刻意关注我每天走过的风景中不熟悉的方面。
- 当创意泉涌时，我会以不同的方式看待机会。我突然发现这些机会适用于我，或者我能更清楚地看到抓住这些机会的办法。
- 当我进行与工作无关的活动时，例如洗澡或开车，有用的解决方案和想法会突然出现在我的脑海中。
- 我有一种自我效能感，也就是很自信，内心里相信我自己有创意性的想法。我相信我的创新想法将为我的生活、工作、专业领域或社区做出贡献。
- 我对艺术、艺术家、科学或自然非常感兴趣。

为什么关心效率的人应该关注创造力

如果你被工作量压得喘不过气来，你可能会担心自己没有时间发挥创造力，或者担心这会分散你有限的精力。然而，与阅读有关生产力的章节相比，通过阅读本书的这一部分，你有可能甚至更有可能找到解决方法，来缓解你不知所措的感觉。解决不知所措的方法往往来自于创造力。

不管你有多忙，创造性的行动会让你感觉更加充实和充满活力。当你完成我在这一部分中列出的实验时，你就会看到这一点。表现出完整的自我，将你的本性、知识和创造力的所有元素带入你的生活和工作中，这会让你感到满足。

投入越多创意和创新的练习，你就会感觉越好。解决问题和面对思维挑战会变得更像游戏，即使一开始尝试创新办法会感到困难。

长期来看，这个部分的益处在于你将产生更多可以执行的优质想法。虽然益处不会立竿见影，但你会逐渐感受到思维的解放。你将学会从新角度看待瓶颈问题，找到新思路。当你用更具趣味和创意的方式去面对各种挑战和难题时，你将收获回报。

这些提升创意的原则适用于各个领域，无论对于企业职员、教育工作者、医护人员还是个体创业者，甚至是科学家、工程师或政府工作人员，这些技巧都是通用的。我们将重点放在如何以不需要大量研发投入的方式进行创新，帮助你在当下就能构思并实施新颖的想法。

将创意思考养成习惯，你可以将其应用于长期项目。如果你不喜欢“创意”这个词——因为它让你联想到视觉艺术或营销等领域，你可以重新定义它。你可以将创意理解为“不同寻常的思考方式”或“创造性地解决问题”。把主要的精力放在培养创意上，而非过分强调自我约束。变得更人性化，而非更像机器人，才是提升生产力的关键。

如果你感到不知所措，创造力如何帮助你

当你感到压力重重时，把主要精力放在处理压力上是可以理解的。以下是一些利用创意减轻压力的方法：

- 你将能想出解决工作流程漏洞和更大生产力问题的创意方案，而且比起采用别人制定的方案，你对自己想出来的办法的心理抵触会更少。
- 你能运用创意性的社交手段找到更好的支持。
- 问题会更像可以对付的挑战，而不是无法逾越的大山。
- 创意和创新能带来更大的成功，让你拥有更多选择项目和日程安排的自主权，并能更好地接触到愿意帮助你成功的人脉。
- 当你找到富有创意的方法，让你在职业生涯中跳出固有框架时，你不会再过分在意那些职业衡量指标。
- 运用创新的方式取得成功时，别人不会太在意你工作了多少或工作得有多快。
- 对待工作更具游戏和创意的态度，会降低你拖延症的发生率。

关于创造力的焦虑

人们在创造力方面存在巨大的焦虑。一方面，我们担心自己不够有创造力。原创思想家能带来突破性的进展，而不仅仅是缓慢的增长。管理者和领导者都知道这一点，并且重视创新（至少表面上是）。这会让人们担心自己天生不够有创造力。

另一方面，尽管创造力一旦成功就会收获很多赞誉，但在没有证明自己之前，新颖的想法往往会受到负面评价。

如果你对创新感到害怕，你不是一个人。大约60%到80%的人表示他们觉得创造性思考让人筋疲力尽。[1]这大部分是因为对很多人来说，这是一项非常陌生的活动。经常练习的人会发现它能给他们带来能量，而不是让他们精疲力尽。[2] 之前我提到过，缺乏自律并不是阻碍大多数人提高生产力的核心问题。对我们大多数人来说，我们花费了大部分精力在自律上。我们花时间满足截止日期、按时出现、回复电子邮件和电话。这远远超过了我们在尝试创意、创新和富有远见方面所投入的时间和精力。

我们的创造力在很大程度上取决于我们投入练习的精力。成功的创新者会花费大约 50% 的额外时间尝试创新。他们同意诸如“我通过借鉴各种想法或知识来创造性地解决具有挑战性的问题”这样的说法。[3]同样地，人们低估了坚持不懈如何帮助他们发挥创造力。在一项研究中，一些喜剧演员被要求产生创意。然后他们被问到，如果再给他们几分钟，他们还能想出多少创意。平均而言，他们的估计比实际情况低了 20%。[4]

激活创造力非常简单

在许多方面，改变自己的心理状态是一件棘手的事。令人惊讶的是，让人们变得更具创造力其实非常简单。实验表明，几分钟内就可以让人们进入创新思维模式。这被称为启动创新思维（priming creativity）。

如果在人们解谜题之前启动他们的创新思维模式，他们就更有可能解掉谜题。例如，研究人员在让参与者解答洞察力谜题之前使用了启动创新思维技巧。这类谜题的答案往往让人恍然大悟。当你找到解决方案时，会有一种“啊哈”的感觉。

下面是一个启动创新思维的例子。在一项研究中，所有参与者都拿到一组五个词（例如，天空、是、那、为什么、蓝色），要求参与者用这五个词组成一个四词句子（例如，天空是蓝色的）。一些参与者拿到的词组包含与创造力相关的词。例如，原创、发明、新颖、创新、创造力、巧妙、想象力、独创性和想法。这项任务只是用来启动我们的创新思维，并不是用来评估参与者的任务。然后，参与者被要求解答洞察力谜题。

结果怎么样呢？经过创造力主题词语启动的人在后续的洞察力谜题上表现更好。他们击败了那些被给予随机词组的人。[5]思考创新就会让你更具创意！

在阅读有关创造力的后续章节时，请牢记所有这些原则。你要变得更具创造力，就要投入时间和精力去进行创造性思考。利用你的元认知能力（反思自己思维的能力）来克服你对创意的任何不安全感。记住，你会低估坚持不懈带给你的创造力收益。还要记住，如果你认为自己没有创造力，那是一种误解。

提醒一下，即将到来的章节中包含了许多想法，但这些并不是一个供你照搬的待办事项列表。你可能只会从本书的这一部分中汲取两个或三个想法，但这些想法将影响你成功的轨迹。要欣然接受这种偶然性。注意这里介绍的任何能激发你好奇心的想法，尽管你还无法想象自己如何应用它们。

在你第一次阅读时，先突出标记你有感触的重点语句和你的想法。当你心情不同的时候再回来重新阅读。当你遇到紧迫项目或担忧时，可以再次阅读这些材料，新的进展会影响你的思维方式。看看在那种思维方式下会有什么想法跳出来。

记住，生活是一个自我探索的旅程，而不是一个需要修复或改造的项目，也不是艰苦的劳役！请记住，在阅读实验说明和动手去做之间，你要做一个简短的缓冲任务。正如我在第1章中提到的，这将帮助你产生更多创新想法。它将有助于防止你的思想局限于给定的例子。

第11章 漏洞与变通

11

如前所述，如果你的大部分选项为A和B，意味着你可以略读本章。如果你的选项主要是C和D，请详细阅读本章。

测验

1.你是否很容易想到你对资源（物品、技能、服务、关系）的非常规使用？

（A）我创意满满。我经常以非常规的方式使用我的技能和其他资源。

（B）我可以这样做，但我通常是从别人那里得到这个想法的。

（C）我脑子一片空白。我怀疑我偶尔会这样做，但我想不出什么具体的事情。

（D）这是浪费时间。传统思维才是正确的出路。

2.通过变通，使得解决原始问题变得没有必要。你最后一次使用这种解决方法是什么时候？

（A）最近。我总是从多个角度看待问题。

（B）有时我会偶然发现这些想法，但这并不是一个刻意的策略。

（C）很久之前了。

（D）我从不思考如何解决问题，无论是通过非常规还是常规途径。

3. 你是否注意到其他人错过的机会？

（A）是的。我很容易看到其他人经常忽视潜在的机会。

（B）我可以在我狭窄的专业领域内做到这一点，但超出这个范围就不行了。

（C）如果有人帮助我，我会做到这一点，但我自己很难做到这一点。

（D）恰恰相反！即使有人给我指点，我仍然看不到别人能看到的机会。

4. 有些机会看似好得令人难以置信。你是否曾经从这样的机会中受益？

（A）是的。当这种机会出现时，我会快速抓住它。

（B）我曾经遇到过这样的情况。当我意识到这一点时，我很享受它，但当我回头看时，我后悔没有充分利用它。

（C）我没有注意到这样的机会。我在哪里可以找到它们？

（D）这一定是一个骗局。如果它看起来好得令人难以置信，那么它一定是假的。

5. 你是否曾使用过多重创意解决办法？

（A）当然，就像在商店里协商好折扣，再获得制造商回扣一样。我记得有几次我把三重优惠叠加在一起!

（B）我在个人生活中这样做过，但在工作中却没有这样做。

（C）只在小事情上。我从来没有以任何有意义的方式受益过。

（D）这听起来很困难。我倾向于避免任何可能困难或令人困惑的事情。

日常生活中的创造力通常是指创造性地解决问题。这就是本章将重点讨论的内容。生活中的创造力可以成为其他类型创造力的基础，这就是我们从它开始入手的原因。

以非常规方式找到漏洞和变通方法，这是训练创造力的好方法。这项技能有很多实际用途，可以帮助你摆脱困境，获得远见或实现范式转变，人们通常需要思考变通解决问题的方法。它要求你超越那些阻碍你做事的障碍！你对漏洞和变通解决方法思考得越多，就会变得越驾轻就熟。

正如我曾指出的，如果你只是偶尔尝试进行创造性思考，就会感觉过于费力。如果你经常这样做，它会变得更有趣，就像解谜题一样，不会感到很吃力。

请记住，如果你在第9章中有遗留下来的棘手效率问题，请尝试使用本书这一部分中的策略去解决这些问题。

漏洞和变通是什么意思?

让我们从一个简单的变通示例开始。

因为发生了意外情况，你需要在最后一刻取消酒店预订。你可以免费更改预订。但是，如果你在预订日期之前的24小时内取消预订，则需要支付取消费用。为了避免产生费用，你将预订的日期更改为未来的日期。然后你就可以免费取消预订了。

伦理

好吧，很狡猾，但这不是不诚实吗？这合乎伦理道德吗？

你会注意到，一些漏洞和变通的示例在道德上处于灰色地带。变通和漏洞需要考虑道德甚至法律问题。当你进行头脑风暴时，先不要考虑道德。一旦你从想法生成阶段转向想法评估阶段，你就可以引入道德规范。你有可能将不道德的想法转变为更符合道德的版本。如果你一开始就太封闭，你就会错过这个机会。如果你认为使用漏洞和变通在本质上是不好的，那么这将阻碍你的创造性。

当你阅读这些示例时，请尝试将你是否赞同某行为放在一边。你的目标是了解这种思维方式。然后，你可以聚焦于那些适合你的应用方式。

有反社会人格倾向的人有时非常善于使用漏洞。（在心理学中，反社会=破坏规则，缺乏社交性=不合群。）然而，具有这种思维的人可能会走向极端，让自己陷入困境！[1]不要这样做！

值得尝试的谜题

请看下面这道谜题。如果你以前从未见过它，请在我揭晓答案之前尝试一下。

说明：看下面的九个点的图像。要解决的难题是这样的：在不让笔离开页面的情况下，仅用三条直线将所有九个点连接起来。

● ● ●
● ● ●
● ● ●

我们很快就会回到这个话题。

创造性思维的类型

创造性思维类型 1：以非传统方式使用你的工具、技能和其他资源

你有没有用过椅子或盒子抵住门？当然用过。那么你已经具备克服功能固着性的先天技能了。所谓功能固着，是指只将一个物体固着于其既定用途。如果你只把椅子当作坐的东西，那就是功能固着。

创造力常常通过测试功能固着性来衡量。这些评估被称为“替代用途测试”（AUT）。研究人员会要求人们思考一个常见物体，比如砖头或牙签。然后，他们要求人们想出尽可能多的创意用途。研究人员会测量人们想出的想法数量以及想法的多样性和罕见性。只围绕少数主题提出变体的想法得分会比较低。

为物品构思新颖的用途听起来不像是通往现实世界的令人兴奋的创新途径。但如果把范围扩大，这个概念就变得更有趣了。不要只想到物品，还要考虑服务、工具、技能、关系以及任何可用资源的替代用途。

最近几年，一个替代用途的例子对我的生活产生了重大影响。在我孩子的学前阶段，我是一名全职妈妈，这对我来说很重要。好消息是我的健身房每天提供最多两个小时的托儿服务，包含在会员费中。我可以在任何开放时间前来，唯一的限制是我需要留在健身房里。

健身房提供这一服务的目的显然是供父母腾出时间锻炼。但我用它来工作。我在跑步机上以每小时2.5英里的速度行走。我在手机上阅读研究报告、回复电子邮件或编写博客文章的大纲。健身房的家庭会员费是每月50美元，折合为每小时的按需托儿服务支付约1美元。另外，我还获得了免费的家庭健身房会员资格。

归根结底，这就是创造力的一种表现形式。

实验

你能想到物品、服务或关系的非常规用途吗？

创造性思维类型2：改变问题——解决问题B而不是问题A，以此来实现你的最终目标

如果你改变看待问题的方式，你就不再需要克服你一直担心的障碍。

解释这个概念的最好方法是通过案例：

- 想象一下，你正在收拾行李去旅行。你尝试了多种方法，要将衣服放入行李箱，但行李箱拉不上拉链。你将自己的问题定义为“我怎样才能将旅行所需的所有东西装进这个行李箱”。相反，你可以将要解决的问题改为“我怎样才能在明天旅行之前获得一个更大的行李箱”。

- 鲍勃想成为Airbnb网站上的房东，但他没有任何房产（问题A）。一种方法是长期租赁房产，并在业主许可的情况下在Airbnb网站上转租。有人可能会想：“为什么业主会允许呢？”找到对此持开放态度的业主，这就是你可以试图解决的另一个问题（问题B）。
- 你需要一个联盟来赢得选举。你的第一个想法是把另一方的温和派视为你的潜在联盟伙伴。问题A是如何说服他们加入你这边。问题 B 可能是找到另一个方案来吸引观点与你截然不同的人。例如，极右和极左的人可能都出于不同的原因想要投票支持一项法案。
- 像Impossible Foods这样的植物肉生产商并没有解决让更多人成为素食主义者的问题（问题A）。他们生产了一种对非素食者有吸引力的产品，这些人有时会选择素食（问题B）。
- 假设你陷入了“第22条军规”的两难困境里。你需要聘请某人来帮助你完成任务。你估计需要花费至少二十个小时来雇用和培训该人。你不太可能有这么多时间（问题A）。你将自己的问题界定为“我怎样才能有二十个小时来雇用和培训某人”。换个角度想，如果你决定不培训他们呢？如果你让他们按照自己的方式工作呢？或者说，如果你根本就不需要面试任何人呢？你可以想出该人在为你工作时可能会遇到的五个棘手场景，你要求求职者回复邮件写出关于他们如何处理这些问题的分步答案。想出可以帮助你识别最佳候选人的场景，就成了问题B。

实验

阻碍你成功的最大问题是什么？例如，你认为“我想做

X，但我不知道该怎么做。我没有能力或资源”。使用我们在这里探讨的原则，你如何改变你所关注的问题？想出一些点子来。它们不需要很棒，甚至不需要合理。只是供你练习而已。

我们常常在心理上坚持以固定的方式解决问题。然后我们过早地决定不去考虑其他方式。有一个改变视角的快速方法，那就是想象一下，你认为重要的那个方面实际上并不重要。

- “假如制作长而完美的视频并不是在线课程的重要组成部分呢？”
- “假如我的同事所做的一切都不重要呢？”
- “假如六个月内完成这个项目并不是至关重要的呢？”

创造性思维类型3：以意想不到的方式利用机会

旅行黑客是我的爱好之一。它的基本原理是利用里程和积分进行大量旅行。然而，热爱旅行并不是我沉迷于这项爱好的唯一原因。部分原因在于它让我沉浸于充满创意思想者的社区中。如果你的工作没有特别强调创造性思维，那么旅行黑客可以帮助你锻炼这方面的能力。

大约在2008年，美国铸币局想让1美元硬币流通起来。他们提供了1美元纸币购买1美元硬币并免费送货的机会。旅行黑客爱好者利用这个机会从他们的信用卡公司赚取免费里程和积分（或现金返还）。如果一个人用信用卡购买了1万美元的硬币，那么他可以赚取价值交易额3%的里程，相当于可以获利300美元。那些做得最夸张的人购买了高达69.6

万美元的1美元硬币。[2]他们用硬币做了什么？他们把硬币拖到银行，像其他存款一样存进去。

是什么妨碍了人们思考漏洞和变通

为了更好地发现漏洞和变通解决办法，我们要了解阻止人们这样做的障碍。

想象中的障碍或规则：对自己施加不属于规则的约束

让我们回到本章前面的九点连线问题。如果你还没有尝试过破解，现在是你在揭晓答案之前的最后机会。

好吧，这是我应该给出的警告。现在我要揭晓答案了。

要解决九点连线问题，你需要认识到，你可以将线条延伸到九个点所创建的框子的边界之外。解决这个问题需要跳出框框思考。需要直观地看到答案吗？以下是其中一个答案，我在www.AliceBoyes.com的资源页面上给出了更多答案。[3]

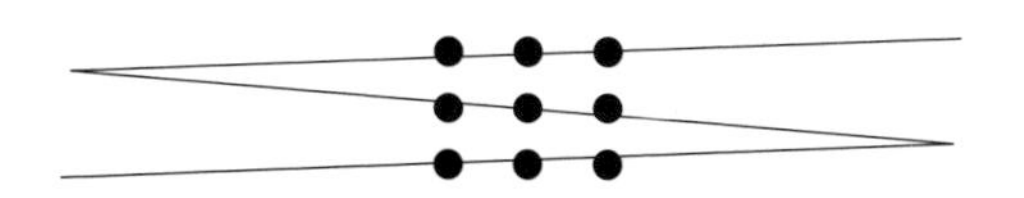

本章中的许多示例都具有与九点连线问题类似的结构。人们认为问题描述中规定了约束，而这其实是不存在的。同样的问题在生活中经常出现。

人们会绕过机会。他们认为某个机会不适合他们，或者他们认为该机会不可拓展，因此不值得他们花时间。你越是跳出框框思考，你就越少犯这个错误。你会发展出一系列类比能力。你会注意到，是否能发现新的机会与富有想象力的思考有多么地关联。

以下是一个例子。你看到一则优惠信息——以旧换新，可以享受300美元的折扣。但是，你没有旧货。你认为这个优惠与你无关，因此不再关注。你觉得，要拥有旧货才能享受优惠，这是一个制约条件。

假设，你在eBay上快速搜索一下，你会发现你可以花100美元买到旧货。操作一次后，你以后就会注意到更多类似的机会。

将别人看不到的机会为我所用涉及知识迁移问题。想象一下，你读到一个很棒的商业战略、模式或方法。但是你无法理解它如何适用于你（你是谁，你知道什么，你认识谁）。你对这个模式很兴奋，但关于如何现实地使用它，两者之间的关键点并没有连接起来。

你越多练习将知识从一个情境迁移并应用到另一个情境，你就会做得越好。你会越来越明显地看到伟大创意如何应用于你现在的生活和工作。

实验

想想你的领域，或者你熟悉的领域。有什么简单的创新现在已经变得司空见惯，但以前却并不常见？例如，医疗机构在候诊室放置免费避孕套，这是很常见的。在这变得司空见惯之前，任何想到这一主意的人可能都会犹豫："我们不能这样做。"他们可能想象到了在实施过程中并不存在的障碍。

就像九点连线问题一样，不要在头脑中设置一个现实中可能并不存在的约束。特别要注意的是，你是否假设了其他利益相关者会反对某个想法，但其实你并不知道他们是否会反对。不要想当然地认为你的房东会反对你每年有几周在 Airbnb 网站上出租他们的房子，或者在候诊室里放置避孕套会让就诊患者感到不安。

当你从远处审视自己的想法时，你会开始注意到不合理的假设。

漏洞和变通解决方法无关紧要吗

把太多的精力花在小事上，这并不明智。然而，如果你是这种思维方式的初学者，即使是微小的尝试也会训练你的大脑。如果你只在大事情上进行尝试，则可能因为不适应而产生不必要的忧虑。如果你不断练习拓展机会，其中一些尝试将不可避免地转化为巨大的成功。

实验

你最有兴趣尝试这三类漏洞和变通解决方法中的哪一类？

好得难以置信、还是好得难以持久

有吸引力的机会有时看起来好得令人难以置信。如果你习惯于为钱而努力工作，你的信念可能是“我做的工作越辛劳，我得到的回报就越多”。对于回报远远超过所付出努力的机会，你可能会持怀疑态度。一定有一个陷阱，对吧？有时有。然而，有时巨大的机会转瞬即逝。在这些场景中，机会的早期利用者受益最多。例如，在热门城市实施严厉打击短期租赁的法规之前，一些早期的 Airbnb 房东就获利了。[4]

通过扩张示例的集合来提高你的技能

你要勤于关注创造性解决问题的例子。当你找到创造性解决问题的好例子时，请分析该想法的结构。这将帮助你用同样的结构来设计出其他的想法。

例如，当我带婴儿旅行时，我经常会使用Amazon Prime Now送货到酒店的服务。我会在我们到达酒店时收到尿布、酸奶、奶粉，等等。这意味着我们可以减少不必要的行李托运。我们抵达酒店后，不需要立即出去买杂物。这减轻了我们很大的压力。

实验

这个问题和解决方案的结构是什么？还有哪些问题可以采用类似结构的解决方案？

要点总结

1.你当前面临的问题，是否有可能利用变通的办法来解决？

2.如何能将本章中的概念应用于该问题？

第12章 新颖性

12

如前所述，如果你的大部分选项为A和B，意味着你可以略读本章。如果你的选项主要是C和D，请详细阅读本章。

测验

1. 如果查看你的谷歌搜索历史记录，你需要回溯多久才能找到一个你知之甚少的主题？

（A）不超过几天。我喜欢探索我不熟悉的话题。

（B）一两周。

（C）一到三个月。

（D）很多个月。

2. 当你想到一个与你的工作相关的很好的想法时，你要多长时间才付诸实践？

（A）一个月以内。

（B）一到六个月。

（C）六个月至一年。

（D）我只是想想而已。它们停留在想法阶段。

3.审视一下你日常使用的技能、工具和方法，你是多久前学会它们的？

（A）我正在使用一种我仍在学习的方法。

（B）至少有一项我经常使用的技能或方法，是我在去年学到的。

（C）我经常使用的一项技能或方法，是我在过去两年中学到的。

（D）我使用的所有方法都是我在职业生涯开始时学到的。

4.你多久尝试一次对你来说是新的活动？广泛思考：新食谱、新的体育活动、新的工作技能、与新人合作。

（A）每月至少一次。

（B）至少每两到三个月一次。

（C）每六个月一次。

（D）已经一年或更长时间了。

5.每个领域都有一些默认的前提假设。创作内容、评估工作和做出决策，这里面都有规范。你是否曾经违背这些规范，以非常规的方式完成工作任务？

（A）是的，我喜欢挑战我的领域中关于事情该如何做的假设，而且我经常这样做。

（B）我已经这样做过一两次了。

（C）我喜欢探索一些替代方案。但我还没有实行过。

（D）我从来没有想过这样做。

人们生活中的巨大成功往往来自于尝试新颖行为。新颖行为是指你第一次做的任何事情。有时，其他人也从来没有这样做过。

那么障碍是什么？要尝试任何新事物，都需要巨大的心理提升。持续两三个小时进行不熟悉的行为，可能会耗尽你当天的所有精力。但这是一项值得的投资。

新颖行为的好处

新颖行为让你感觉充满活力。它们会带来强烈的情绪，既有积极的，也有消极的。以不同的方式做事会给你带来不同的感觉。前文提到过，矛盾的情绪常与更大的创造力相关联，而新颖的行为往往会激发这些情绪。当你尝试新颖的行为时，你会同时感受到强烈的积极和消极情绪：恐惧与兴奋并存，或者在感到压力的同时为自己感到自豪。

新颖行为有助于增加你的资源（技能、人际关系等）。随着时间推移，你越多地寻求新颖事物，你积累的各种资源就越多。

当你完成一项新的、令人困惑的任务时，你的自我效能感会得到提升。你对自己完成任务的能力的信心将会增强，尤其是当你完成的事情超出了你的典型能力范围或挑战了你看待世界的方式时。自我认知的改变，即使只是微小的改变，也会拓展你的世界观。对自己的不同看法，就是对世界、你在其中的地位以及你可以获得的机会的不同看法。

有些新颖行为具有巨大的推动力，但不需要再做一次，或者至少不需要很快就再做一次。[1] 2007年，由于无法支付高昂的房租，乔·杰比亚和他的室友布莱恩·切斯基决定在他们的公寓里出租空气床垫给参加一个设计会议的游客，以赚取额外收入。他们创建了一个简单的网站，列出了他们公寓的信息和提供的空气床垫，这一行动最终导致了Airbnb的诞生，它彻底改变了人们对于住宿的看法。

其他的新颖行为需要重复进行，但在第一次进行之后会变得非常容易。当你实施一次行为后，它就会成为你工具箱中的一项新技能。它为你提供了更多解决问题的选择。

实验

回想一下哪种新颖行为第一次尝试时感觉很费力，但现在已成为常规的行为或技能。

习惯性和新颖性的共存

为了获得最佳表现，你需要把习惯性和新颖性相结合。习惯行为会减少你对自我控制的需求。新颖行为可以改变你的轨迹，打开新世界，并提供体验自我的新方式。

习惯性行为，顾名思义，就是自动化的行为。它们会让我们感觉生活像过眼云烟般飞逝而过。而新颖行为则会让我们觉得生活节奏放慢了，并帮助我们在每周、每个月的时光中留下一些印记。这可以让我们后退一步，从更广阔的角度看待生活，正如我们之前所讨论的那样。

新颖行为往往伴随着更多的摩擦和挑战，这也是它们与更高的创造力相关联的原因之一。不寻常的经历会打破我们的思维定式，激发新的想法，甚至成为创新的催化剂。

实验

试着在周日晚上做些新奇有创意的事吧！看看这会不会让你在接下来的 24 小时里工作效率更高、更有创意。尝试一些你平时不擅长的事情，比如艺术创作、手工制作、搭建模型，或者尝试一种新的运动，比如攀岩。关键是做一些你没做过、平时也不会考虑去做的事。

如果家里有孩子，不妨和他们一起尝试一个新颖的创意活动（例如，那些有趣的 STEAM 项目）。[2]总之，要确保它超出你的常规体验，然后观察一下这会不会让你更有创意。

新颖行为如何培养技能、情绪韧性和坚持的能力

当你选择新颖的道路时，将面临更多挑战。你越能适应挑战和不确定感，处理高难度深度工作就越能得心应手。新颖行为往往需要你不断在困惑、明晰和进步之间周旋，然后周而复始地循环往复。你可能会担心新颖行为会妨碍你坚持既定的工作方向。这种担心就是多余的。每当你完成一个创新项目，你的韧性就会增加一分。你会积累经验，在怀疑、困惑和挫败等情绪面前仍保持目标导向。当你面对新的挑战时，就可以从这些经验和情绪韧性中汲取力量。

尝试使用新颖行为来缓解压力

新颖行为既能诱发压力，也能缓解压力。

一个被忽视的好处是，它能成为对抗反刍思维的良药。反刍思维是指我们对一个错误或不如意的情况反复纠结。[3]它

会导致我们一遍遍地咀嚼同样的想法，而我们对自己困境的原因（或解决方案）的理解往往是不完整或不准确的。[4]当你发现自己陷入反刍思维时，不要任其发展，应该及时干预。我推荐自我同情谈话（见第4章）或者一项能让你全神贯注的活动。任何对你来说的新鲜活动都具有这种效果。

如果你心烦意乱，不妨尝试一个非关键的短期项目。做任何一项你平时不常做的事，去尝试新事物。

实验

回想一下你过去经历的压力巨大的时候，你是否曾通过新颖行为来应对？例如，分手后，你是否会去剪个头发、开始一个DIY项目或做出一些财务上的改变？在目前的情况下，你该如何最好地利用新颖行为来应对压力或困扰？

需要注意的是，不要将新颖行为当成逃避专注于长期目标挑战的一种方式。频繁跳换项目是一种低效的做法。人们在遇到心理挑战时，就容易陷入项目跳跃的陷阱，这是一种逃避负面情绪（例如无聊、焦虑和诱惑）的方式。你的新颖行为应该是服务于核心工作目标的，它们应该帮助你保持能量，坚持既定目标，让你的生活更平衡、更有乐趣。

新颖行为不应该是跳跃式开展项目的借口，也不是逃避深度工作的手段。千万别陷入这种自我破坏的陷阱里。

衡量一下你现在对新颖行为的投入程度

任何天生好奇的人都可以利用这种特质来进行探索行为。

实验

你在每周的工作中，有多少时间用于从事新颖行为或发挥想象力？你花费多少个人时间来从事新颖的活动？

还记得我曾说过，创新者会多花50%的时间来尝试创新吗？考虑一下你愿意分配多少时间用于新颖的思维和行为。

（1）如果你完全掌控自己的时间，你认为分配多少时间感觉最理想？

（2）根据你现在的情况，如果你花在新颖行为和思考上面的时间增加10%，那么会带来哪些改变？

投入新颖行为的时间可以平衡你利用现有系统的时间，因为新颖行为本质上是探索性的，有助于发现新的想法和方法。

如何将更多新颖性融入你的职场

这一部分将为你提供一些实用建议，帮助你在现有工作项目中融入新颖性。总而言之，这一部分的核心在于让你反思一个总纲性的问题："如果按照常规做法无法很好地完成任务，何不换一种方式呢？"

阅读这些建议时，请将它们与你最亟须创意解决的挑战联系起来。

例如：

- 你是一位教育工作者，你的学生们缺乏学习积极性。
- 你是一位律师，你想帮助的客户无力支付你的服务费用。
- 你是一位儿童图书馆馆员，而那些可以从图书馆受益的学龄前儿童却很少来访。
- 你组织一场慈善募捐，但募集到的捐赠无法满足社区的需求。

请先确定当前最妨碍你完成核心任务的挑战，然后带着解决这个挑战的视角来阅读这些建议。尝试设想这些建议与你的问题之间可能存在的关联。哪怕只有一个建议你觉得可行，就算成功。

- 将工作流程中的某一步抽离自动驾驶模式，尝试创新。例如，与其按照你惯常的方式撰写演示文稿，不妨搜索一下“演示文稿技巧”，然后尝试遵循其中之一。
- 心智模型是一种帮助你理解世界、发现机会并做出明智决策的工具。我们之前已经稍微讨论过这个概念，但我想在此情境下让你再次思考它。选择一个你认同的心智模型。例如，我喜欢“二八法则”。它指的是80% 的结果源于 20% 的原因，比如你80% 的成功可能来自于 20% 的努力。在脑海中过一遍你的目标，问问自己这个心智模型还能以哪些你没想到的方式应用于你的目标？问问自己，“已经在生活和工作的哪些领域应用过这一原则了？还有哪些领域可以应用？”如果你已经在多个领域运用过某个原则，那么就更容易将你的知识迁移到新的领域。其他心智模型的例子还包括复利原则、“完美是优秀的敌人”原则、“逐只鸟”（即一次只做一步）原则，等等。[5]如果你发现某个原则在一个领域对你有所帮助，不妨尝试把它应用到其他领域。
- 优化不同寻常的任务。从宏观层面考虑：“如果我不在乎（速度、价格、数量/规模、质量）呢？”填入你高度重视的任何变量。想象一下“什么情况下才会出现它不再重要了这种改变”。如前所述，如果某项工作意义重大，那么在合理范围内，速度因素可能就无关紧要了。在微观层面上，尝试将不同的最高价值观应用于特定任务。比如，你在写一本书，你重视知识的全面性和技术上的正确性，请尝试改变这一点。你可以把任务的最高价值观设置为读者喜爱、内容充满活力。问问自己，“如果我在这里优先考虑的事情不同，我的工作会有什么不同？”

- 选择一个自认为的弱点，并花一个小时来解决它。当我们察觉到自己的弱点时，纠缠于它会带来情感上的痛苦（例如，沮丧、焦虑、羞耻、尴尬）。因为这样做很痛苦，所以我们避免对其反刍。然而，害怕这些感受比实际情况更糟糕。当你开始着手克服弱点时，你会意识到它并没有你想象的那么可怕。
- 换一个地方工作。不同的景观可以产生不同的心境。
- 从新人那里获取反馈，向你所在领域之外的人征求意见。如果你是一名科学家，你可以向全职的YouTube播主或营销人员这样的朋友学习演讲技巧。不要指望其他人会给你100%准确的建议。他们可能会说一两句有用的话，却让你思路大开。
- 以新的方式和/或与独特的人合作。这并不意味着你需要与新人一起完成整个项目或聘请外部顾问。你可以致电客户，询问他们未被满足的需求。你可以向具有初学者思维的人询问他们的想法和意见。
- 将你的决策权交给其他人。例如，请别人决定你将如何度过这一天的时间。有些YouTube美食播主就是这样做的。他们让其他更知名的YouTube播主为他们挑选当天的菜谱。[6]
- 找到其他领域中使用的一种方法，并将其应用到你的领域中。例如，尝试以一种不符合你的领域风格的方式做出决策。决策的技巧有很多，如随机选择、赢者通吃投票、排名偏好投票、专家判断、A/B 测试、单人实验、大规模实验、焦点小组、准备 / 开火 / 瞄准方法或标准化测试。你可以发挥创造力。例如，提议采用改良的随机决策形式，来选择哪些项目将获得资助。具体方法是什么呢？质量最低的项目最先被淘汰。之后，随机选择获胜者。[7]

- 确定你所在领域的榜样。找到那些你钦佩的最具创新性的、敢于打破常规的思想家。是什么增强了他们跳出框框思考的能力？他们打破了你所在领域的哪些传统规范或规则？尝试研究他们的文章或访谈。这揭示了哪些他们超出常规的思维和行为方式？这些差异背后有哪些特质？并非他们所有的行为都是可取的。你可以挑选一些值得借鉴的。
- 头脑风暴，列出你最出色的核心技能的替代用途清单。例如，你的过人技能可能是研究、沟通、采访、组织信息、分析数据、说服力或大局观。无论你认为自己的核心技能是什么，请列出尽可能地以多样化、创造性、创新性的方式来使用该技能的清单。在目前这个阶段，你的想法不需要切合实际。这些方式可以很古怪和不切实际。你可以稍后修改它们。不必把你的想法局限在你的领域之内。尽量往外太空想，别拘束！把所有点子都写下来，直到你实在想不到为止。然后回头过一遍这些想法，看看哪个能激发你的好奇心。琢磨琢磨这些用法跟领域里的难题或者你生产力低下的地方有没有什么联系。就算乍一看没什么关系，也不要轻易放弃，仔细琢磨琢磨说不定就能碰出火花！把这个想法清单一直保留着，以后说不定就用得上！
- 想出大量点子来超越传统的想法。创建一个名为“……的 100 个点子”的文档。选择一个重要主题，例如“被动收入的 100 个点子”或“如何帮助我的患者过上更健康的生活的

100个点子”。记下你立即想到的内容，然后把以后想出来的点子添加进去。你可以根据需要进行调整。你不需要一次完成这个清单，事实上你也不应该尝试这样做。在间歇期让你的潜意识发挥作用。

- 充分利用人脉资源，请列出一个清单或制作一个思维导图，罗列 100 种可以获得帮助的方式。请将此资源长期保存。完成列表后，从中挑选一个你平时很少用到的人脉资源，尝试帮助他人并借此寻求帮助。
- 探索你最没有希望的想法。当你进行头脑风暴，提出一大堆想法时，忍住不要去探索最有前途的想法，而是尝试将最没有前途的想法转变为有用的想法。

如何用新颖的方式解决问题
探索大量方法找到问题答案

当遇到问题时，你会想出多少种解决方案呢？一个？三个？还是五个？

在大多数情况下，生成大量想法并不是高效解决问题的方式。通常只需要几个想法就能找到合适的解决方案。有时，甚至只需要一个想法就足够了，比如“今晚我们应该叫哪家外卖”。

然而，在某些情况下，我们需要大量想法来解决问题。我更倾向于思考解决问题的方法，而不是直接解决问题。

尝试一下：找出尽可能多的为婴儿取名的方法。[8]

重点不在于生成名字本身，而是想出一些取名的方法。

这里有一些种子想法：

- 查询1000个最受欢迎的名字列表。
- 根据主题查找名字，例如植物名、圣经人物名。
- 站在街上，询问路人最近听过的最特别的名字。

给自己五分钟时间，想出尽可能多的取名方法。

要点总结

1.有什么方法可以为你的工作或个人生活注入更多新鲜感，让你感到兴奋而不是不知所措？

2.本章中的哪个点子激起了你的好奇心，但你不确定它如何适用于你。将其放入你的“不完整想法”文件夹中。定期回顾，直到实际应用它的办法在你脑海里变得清晰为止。

第13章 兴趣与创造力

13

如前所述，如果你的大部分选项为A和B，意味着你可以略读本章。如果你的选项主要是C和D，请详细阅读本章。

测验

1.你多久参与一次有关创新的爱好活动？（任何事情都算，包括你和孩子一起做的项目。）

（A）我经常参加创意活动。

（B）不太经常参加，但一年至少有几次。

（C）每年一次。

（D）从来没有。

2.你是否能轻易说出至少八个工作之外的兴趣？

（A）超级简单。我渴望了解不同的事物。

（B）我至少能想出六个。

（C）我只能想出三到四个。

（D）我没有任何爱好。我的兴趣仅限于新闻和一两种题材的书籍或电视节目。

3.你的外部兴趣如何有助于你在核心工作中实现创新？广泛思考。你的外部兴趣如何增强你的批判性思维、社交信心或毅力？如果你利用这些品质来帮助自己创新，那么它们就很重要。

（A）我的兴趣与我的工作方式相互促进，并使我的视角在职场独一无二。我至少可以举出两三个例子。

（B）我能回忆起过去的一个例子，但最近没有。

（C）我可以看到兴趣如何帮助我放松，但我看不到除此之外它们如何帮助我的工作。

（D）我从来没有考虑过这个问题。

4.你是否曾经将兴趣爱好中产生的某个具体想法或灵感融入你的工作中？例如，也许你将副业中的社交方式应用到你的核心工作中。

（A）是的。我通过自己的兴趣接触到了一种方法、模型或技能，并将其应用到我的核心工作中。

（B）我的直觉告诉我，答案是肯定的，但我现在说不出任何具体内容。

（C）我的爱好和工作似乎是分离的。我看不出它们有什么联系。

（D）这个测验伤我的脑子！

5.你通过兴趣爱好认识的人是否促使你在工作中以不同的方式工作？

（A）当然。我的爱好让我接触到人们不同的优势和做事的方式。

（B）我从通过自己的爱好而结交的人那里学到了一些技

能，但我只在该爱好中使用这些技能。

（C）我通过自己的兴趣而认识的人身上有我钦佩的品质和习惯。我从未考虑过这对我的工作有何帮助。

（D）在我通过兴趣爱好而认识的人中，没有人激励过我。

你可能听说过这样的论点：兴趣爱好可以帮助你的工作。在英文中，娱乐（recreate）和重新创造是同一个词！这个概念本质上与成长相关。但是兴趣如何帮助你完成独特的工作呢？它们如何激发你的创新精神？我们将在本章中回答这些问题。

如果说创造力是将点子连接起来，那么首先你需要想法可供连接。你走的路越窄，你的想法就越窄。职业生涯竞争越激烈，道路往往越窄。医学生的整个生活就是当医学生。博士生沉浸在学术围墙内。工程师被教导要关心雇用工程师的公司所关心的事情。公司律师全心关注公司法。

处于同一条职业道路上的人通常具有相似的性格、技能和经历。他们接受过培训，最关心同一组优先事项，并使用相同的方法。当你接触不同领域的有创造力的聪明人时，你会获得新的视角。这种情况并不常见。同一行业的各个子领域里的人很少合作。在不同行业从事类似工作的人也很少合作，例如非小说类作家和编剧。一个领域的知识和方法最终可能会与另一领域相互隔离。这意味着跨学科可能带来轻松/巨大的成功。

仅仅拥有多样化的兴趣是不够的。你需要认识到，源自你兴趣的模型、类比、方法、思维方式、焦点等如何指导你的工作。这会给你带来别人没有的优势和视角。通过兴趣建立的社交关系也很重要。来自其他领域的人们对事物的看法不同，你可以在自己的工作中借鉴他们的新视角。

为了实现这一目标，我特别喜欢作家格雷琴·鲁宾的一个概念，那就是成为某个主题的“小专家”。[1]例如，小专家可能会经历一个对某个主题非常好奇的阶段，并花几个月的时间阅读几本相关书籍。他们的知识变得足够深入，可以将该主题的概念与其他主题联系起来。多年之后，你有可能成为许多主题的小专家。

多元化的兴趣和精英人士

你的工作应该为你的生活留下空间，让你享受多种兴趣爱好。拥有两种爱好的人比拥有一种爱好的人享有更高的幸福感。[2]苹果公司联合创始人史蒂夫·乔布斯在大学时上过书法课，这一点众所周知。这种另类的课程选择影响了他对苹果电脑的字体设计。它帮助乔布斯建立了苹果产品和卓越美学之间的联系。

研究表明，成功人士的兴趣更加多样化。成就非凡的科学家更有可能对艺术感兴趣。诺贝尔奖获得者特别有可能拥有与艺术相关的爱好（如演戏、舞蹈、雕刻、木工、演奏音乐、诗歌或小说写作）。[3]相比之下，非顶级的科学家并不比普通人更对艺术感兴趣。

为什么我们会看到这种模式？对于成功和多样化兴趣之间的联系，有很多可能的解释。其中有多少适用于你？你更倾向于认同哪一个？

- 创造性的爱好可以增强思维能力，这是分析行业中必不可少的技能。
- 超级聪明的人可能擅长很多事情，包括理工科和艺术创作。
- 人们倾向于能利用自己的优势的兴趣。如果相同的潜在优势有助于在两个不同领域取得出色表现，那么擅长一个领域的人可能也会喜爱另一个领域。
- 聪明的人可能不会因为职业而疲惫不堪。他们可能会有更多的剩余精力来追求职业之外的兴趣。
- 极富创造力的个人和成功人士更具好奇心。[4]他们对自己的职业轨迹以外的事物更感兴趣，这是有道理的。
- 富有创造力的人的注意力过滤器上有漏孔。[5]他们不仅在自己的领域之外有更多的兴趣，而且在自己的领域内也有更广泛的兴趣。
- 创造性的兴趣爱好可以帮助聪明人放松，并摆脱对工作中未解决问题的耿耿于怀。这种释怀和思绪游离，有助于产生更多自发的洞察力。
- 成功人士善于抽象思维。杰出成就者可能更善于看到多样化兴趣与其工作之间的联系。因此，他们可能更重视兴趣爱好。
- 注重尝试发挥创造力的人可能会渴望得到来自其他领域的灵感。他们可能会在符合传统创造力概念的领域寻找灵感，例如艺术或建筑。

放松你的思维

关于多元化兴趣的好处的研究通常集中在理工科与艺术、工艺和设计之间的交叉领域。但这些并不是唯一可以互相促进的两个领域。如果你是自己和世界的敏锐观察者，任何兴趣的融合都可能会富有成效。

以下练习旨在放松你的思维，帮助你将兴趣爱好与工作联系起来。你做这些练习时，可能感觉就像第一次在健身房进行体育锻炼一样。当你刚开始健身时，你的大脑不习惯要求你的身体做这些动作。这需要进行一些重复，才能让你的协调性发挥作用。同样道理，你的大脑也没有料想到，你要求它在不同领域之间建立联系。你的大脑需要练习，然后才能弄清楚你要求它做什么。

另一点要记住的是，人们在跑步机上跑步，并不是为了提高在跑步机上的跑步能力。他们这样做是为了强化心脏、肺部和肌肉。本章的练习也是这个道理。你用它锻炼你的创造力。

起初，当你使用这些技巧时，你可能会发现你的想法有些有趣，但它们不会立即产生有用的结果。坚持几个月。许多更实用的想法将会涌现。在阅读时，给自己减压。享受实验的乐趣，不要期待立即顿悟。

你可以将哪些兴趣和工作联系起来？

实验

制作一个全面的清单或思维导图，涵盖你所有的兴趣和角色，包括领域内和领域外的兴趣。我们将以此为基础来完成本章的其余部分。

请注意，你不需要成为这些主题的专家。你只需要了解一些就足够了。你的兴趣会比你最初想到的要多得多。

为了让你有个大致概念，你的兴趣清单可能是这样的：城市规划、历史、旅行、纽约市、“经历”、八卦、保护环境、八十年代/九十年代职业摔跤、贫穷国家面临的医疗挑战、体育、啤酒、最高法院、……的历史、沙漠动物、幽默、政治、统计/民意调查、树木、粉丝社区、电视节目《幸存者》、选秀、某YouTube频道、另类生活（例如，不使用网络）、育儿、涉及职场父母的社会政策、摆弄代码/机器人，以及极简主义。

请包括你职业内外的所有兴趣。包括任何书呆子类的或技术性的内容，或有关你所在领域的历史内容，但不要仅限于此。如果有任何东西激起你的敬畏感，无论是国家公园还是空中交通管制，请包括在内。也可以将具体的兴趣和更一般性的主题并列在一起。

练习建立联系

实验

将你的工作之外的两个兴趣联系起来。把这当作游戏。从创造性模式而不是实用模式开始。你越多地尝试联系传统上不相干的概念，你的想法就会越有趣。

花十分钟来连接你的任意两个兴趣。如果你想随机化，可以从碗中抽取兴趣主题配对，或者将你所有的兴趣列成编号清单，然后向你的语音助手询问两个随机数字。要更深入地探索某个主题，你可以不选出一对主题，而是选出一个主题，然后再选出其他三个主题，将它们与第一个主题联系起来。请记住，你最初的想法将是最接近传统的想法。

进行此练习的一种方法是将兴趣组合在一起，就像你要为论文或博客文章撰写标题一样，然后进行头脑风暴，搞清楚你要提出的观点。选择一对兴趣爱好，开始编写一个标题。

- 极简主义的民意调查方法
- 具有幽默感的统计学
- 城市规划与八卦之间的关系
- 极简主义者会如何思考……
- 最高法院法官会怎么考虑……

一旦你进行了一些练习，就可以将你的兴趣与你的工作领域联系起来。如果你为人父母，请不要忘记将育儿视为你的工作领域之一，并寻找创新性育儿的灵感。你也可以连接你所在领域内的两个主题。我遇到过一个例子，一位物理学家将物理概念写在纸条上，将它们放入碗中，然后取出一对纸条，看看他可以碰撞出什么火花。

不要指望魔法会立即发生。这个练习会让你感觉很别扭，因为这不是我们习惯的思考方式。你的大脑可能会尖叫："你在对我做什么？"请记住，轻松的工作并不等同于出色的工作。出色的工作在开始时往往是不顺利的。你可能一开始搞不懂它的发展方向。

你的创造力仅受限于你能够想到的类比。你可以训练自己更好地发现类比。怎么做到呢？避免将你的思维局限在特定主题。

尝试跨领域应用方法或工具

这是你刚刚做过的练习的变体。从你的兴趣中选取一种方法，并将其与你其他兴趣中的问题联系起来。例如，城市规划的方法如何帮你解决极简主义中的混乱问题？考虑城市规划中使用的方法。随意想出些点子来，比如城市中的区域划分。这如何有助于减少混乱？

我举一个例子来向你展示这种思维方式的实际应用。我曾提到，我发现健身房的临时托儿服务非常有用。这是鼓励大家去健身房的一种方法。治疗师也可以做类似的事情。他们每周至少有一天可以在办公室提供托儿服务。家长可以预约这一天。这将减轻需要寻找托儿服务的压力和障碍。

也许兴奋感或投入感正是你的核心领域存在的问题。想想你的兴趣爱好，你是否曾经遇到过将产品“体验化”以提高用户参与度的趋势？受到启发后，你可以将你工作的一部分转化成一种体验。如果不清楚“体验”是什么意思，这里有一些例子：

- 肯尼迪机场的一个老航站楼被改造成了一家主题酒店，让旅客重温 20 世纪 60 年代的航空旅行体验。
- 为了让购买产品变成一种体验，一些公司会刻意制造话题，比如电影的零点首映，电子产品发售日的午夜排队。
- 旅游景点不再局限于景区绿化，而是创造适合在社交媒体打卡分享的体验。

现在思考一下，如何把沉浸式体验的概念融入你的工作领域？

假设你在自己的一个兴趣爱好中应用了人工智能。思考如何把它应用到另一个兴趣或工作领域中呢？比如你是一名业余足球教练，能不能使用人工智能和大数据来帮助你优化阵型和战术？

就算你不会写代码，也可以这样思考：这个不切实际的想法能给我带来哪些实际的灵感？使用人工智能作为解决方案的吸引力是什么？我可以在哪个领域复制这种做法？

想不出点子来？尝试在不同领域之间迁移想法。

- 其他领域的商业模式
- 新的伙伴关系和合作方式
- 吸引和招徕顾客的方式
- 决策方法（上一章讨论过）

你的兴趣与你的核心工作有何联系

现在你已经尝试过跨领域迁移思考，让我们开始实践吧。如何利用你的兴趣来获得竞争优势？如何利用你工作领域之外的知识进行创新？

在你的工作领域中，有哪些非典型的东西让你兴奋？

你是否拥有一些在你职业领域里并不常见的技能、兴趣或经验？想想看，在某个领域司空见惯的东西，在另一个领域可能就是非凡的。就像著名作家大卫·爱泼斯坦，他原本接受过科学家的训练，后来却成为一名体育记者。在他看来，他的科学技能可能对于科学家来说只是普通的水平，但对于体育记者来说却非常了不起。

你是否对相邻领域感兴趣？

正如之前提到的，子领域之间的知识、方法和规范往往是独立的。跳出你的舒适圈，去接触其他领域，你可能学到在其他领域很普通的知识，却能让你在你的领域脱颖而出。比如，我是一名非虚构类作家，但却从小说写作、剧本创作和演讲稿写作等领域的一些基本技巧中获益匪浅。当一个人能够跨越两个世界，这往往会成就他的伟大。例如，伊丽莎白·吉尔伯特的非虚构类作品就融入了她小说写作的技巧。当你发现别人身上有这样的模式时，找出你可以从中学到什么，让自己变得更具创新力。

你能在两个兴趣的交集上工作吗？

小时候，我对商业、投资、计算机和政治感兴趣。没有人料到我会学习心理学。现在，情感健康和商业之间的跨界结合对我来说是一个简单且有吸引力的交集，但这并不适合所有人。如果你两方面的兴趣通常融合不到一起，你会很容易认为它们没有价值。但正是这些不常见的组合，才可能让你做出独一无二的贡献。

你高度重视，但在你的领域中被低估了的东西是什么？

这一点可以追溯到史蒂夫·乔布斯上书法课的例子。在计算机发展的早期，美学在该领域并没有受到高度重视。乔布斯将美学价值融入其中，取得了惊人的成功。不同领域有不同的主导价值，并往往会淡化其他不占主导地位的价值。有些领域高度重视速度（体育、科技等）。另一些则以保守主义或“不伤害”（First，do no harm ）原则为主导（例如医学、法律）。创新可以来自于弘扬你所在领域中被轻视的价值。尝试以下这个测验，来确定你所在领域的主导价值。

测验

以下价值在你所在领域中的优先等级如何？

请对以下价值陈述进行评分，从1=不被认同，到7=强烈同意。在该项旁边写下1到7之间的数字。

- 速度
- 上乘的客户体验
- 极高的效率和优化速度
- 深远而积极的社会影响
- 道德和“不伤害”原则
- 共情
- 目标远大
- 保守主义和遵循传统
- 审美
- 有趣
- 清晰、令人信服的消息传递和沟通（如营销等领域）
- 严谨并注重细节

接下来，继续做上述测验，但这次要写下你对每个价值陈述的重视程度。然后比较这些数字之间的差异。对某种价值更感兴趣或更不感兴趣都会带来不同之处。例如，我对于细节和严谨的要求比典型的科学家要低得多。在研究领域，需要通过“吹毛求疵”来维持高标准。我理解这种做法的价值，并且在需要的时候也能遵守。然而，很多时候，那些发表在冷门期刊上的有缺陷的研究，或是来自科学领域以外的知识也往往极大地启发了我。

这里还有一种看待这个话题的角度。想想你的核心工作，试着回答这个问题："我应该关心哪些价值，而不应该太在意哪些价值？"

你的哪些兴趣能增强你的抽象思维、想象力或创造技能？

早些时候，我提到了一些研究，它们关注艺术设计对于顶级科学家的影响。如果你对这些领域毫无兴趣，那也不是世界末日。然而，艺术似乎能够提供一些特殊的技能，可以帮助人们创新。

警告：这是一个很长的清单，但我稍后会对其进行简化。根据一项研究，[6]相关技能包括：

- 观察
- 想象
- 抽象
- 模式识别
- 模式形成
- 类比
- 身体或动觉思维
- 同理心
- 升维思考
- 建模
- 转换：整合思维工具，例如，使用模型产生可视化模式
- 综合：获得一种对系统或主题的整体"感觉"

这些想法很难理解。归根结底，其中许多都与想象力、实验以及将想法变为现实有关。比如，如果你喜欢动手做东

西，那么制作原型对你来说就更容易接受。这说明，除了兴趣之外，亲身参与某个领域也很重要。

实验

你喜欢做哪些涉及实验、创造或想象力的事情？如果你没有培养这些技能的爱好，你会倾向于做什么？

透过透镜看世界

特定的爱好可以培养某些类型的思维。我的旅行黑客爱好训练我寻找漏洞和变通解决方法。投资帮助我从复利的角度看待一切。复利会强化你通过努力获得的成果。因此，我尝试将这一原则应用到我的各个生活领域。例如，我对自己说："如果我现在花时间教我的孩子这项技能，积累收益，这将使我们俩的生活都更加轻松。"

工作也会影响我的生活方式。写出好文章的原则同样适用于生活。比如，与读者建立联系的技巧中有一条是"坦诚会带来连接"。还有让文章更有趣的一些原则，例如"展示，不要只是说教""细节比概括更有趣""人们通过故事学习"。我也会在其他生活领域用到这些原则，比如"展示，不要只是说教"就是教育孩子的一个好方法。

实验

找出你因为各种兴趣而拥有的看待世界的透镜。你如何能更好地利用这些透镜呢？

窃取解决方案

畅想一下，如果你的工作场所存在着让人抓狂的等待时间问题。那么将目光投向你任何感兴趣的其他领域，看看他们是如何解决顾客因等待而烦恼的问题的。例如，如果你着迷于迪士尼乐园的运营，你就可以研究他们是如何缓解游客排队等待的痛苦的。

有时候，当你想要从另一个领域“偷师”解决方案时，你需要进行抽象思考。比如，其他团体是如何解决拥有太多有前景的想法并决定将资源分配给其中哪一个的问题？其他领域又是如何创造一种人们可以自由提出想法，其他人则给予支持的文化？

实验

如果你有问题需要解决，请看看其他领域是如何解决类似问题的。[7]考虑参考技术创新公司、体育、艺术、自然世界、其他文化，等等。

如何从想法转向创新

人们对创新抱有恐惧和误解，这让他们认为：我根本不能创新。以下是一些思考创新的方法，可以让创新变得不那么令人畏惧。

虽然说起来可能有点奇怪，但创新并不一定特别需要创意。你的最终目标不必过于惊世骇俗，但通过不断积累小胜利，你可以强化你作为创新者的身份认同，并为世界带来些许积极影响。以下是一些快速将想法转化为创新的方法。

- 在科学中，研究常常是略有变化的重复。在任何领域，你都可以进行实验，拿当前的最佳实践与略有变化的版本进行比较。你的略有变动的版本可能会成为新的最佳实践。

- 在初创企业的世界里，衍生的想法比比皆是："我们是X领域中的Peloton"或"X领域中的Airbnb"。
- 仅仅将一个想法放在不同的背景下，就可能实现创新。在我住的地方，几家连锁超市为儿童提供一篮子免费水果。如果孩子不饿并且忙于吃东西，父母就能花更长时间购物。为什么不把免费水果放在其他地方（比如银行），让孩子们忙于吃零食而不会影响父母办理业务?
- 简单的心理学概念可以有数百种未经探索的应用。关于行为助推（behavioral nudges）的研究有很多，比如在关键决策点显示有说服力的信息，或者大幅简化操作来提高采用率。[8]
- 这是使用简单的心理学原理的另一个例子。我们知道，如果人们知道自己需要等待多长时间，他们在等待时就会感到压力减轻。这就是为什么火车站和公交车站会显示下一趟车的时间。一些医院也开始做类似的事情。分诊台安装了电子白板，上面写着每个医生的延误时间。例如，"A医生延误45分钟，B医生延误15分钟，C医生延误25分钟。"我喜欢这个例子，因为它说明了有关更改要解决的问题的原理，我们在变通解决方案那里探讨过这一点。白板并不能解决医生延误的问题。它确实在一定程度上缓解了人们因预约时间推迟而感到的压力。我喜欢这个例子的另一个原因是它表明原型设计可以很简单。人们有时会对原型设计的概念感到害怕。分诊台白板展示了原型设计是多么简单和无障碍。有时有原型就足够了。
- 摩擦点很容易观察到，有时可以轻易解决。我最近读到一个例子，一家商店为顾客提供两种不同颜色的购物篮。如果你想安静地浏览商品，你可以拿起蓝色篮子，如果你想引起销售人员的注意，你可以拿起黄色篮子。

你应该进行小创新吗？

英国国家医疗服务体系的既定目标是将国民平均寿命延长五年。[9]有了这样雄心勃勃的目标，我们可以提出一个令人信服的论点：要想成功，只能采取全面的健康干预措施。这些措施可能与科学技术（例如疫苗）或社会政策（例如取消对水果和蔬菜的征税）有关。这个论点有道理，但小规模、零散的健康干预措施也可能很有价值。

零散的创新在工作场所创造了一种创新文化。如果一个组织拥有核心使命宣言或一套价值观，它就不能只是墙上的一块牌匾。它需要在员工与客户之间以及员工之间的频繁互动中得到体现。人们的日常行动应该能反映出核心目标。反映了核心使命宣言的小创新可以帮助强化这一点。对于提出创新的个人来说，小小的胜利可以改变他们的自我认同，使他们从他人创新的消费者转变为创新的引领者。行动驱动思想和感受，因此更具创新性会带来更多的创新性想法和行为。实施小创新的经验有助于培养行动，而不是过度思考。由所有团队成员驱动的创新文化很可能具有传染性，从而产生更多远见卓识。

要点总结

1. 本周你可以在工作场所尝试哪些简单的创新？（如果你的工作场所是家庭或非传统工作场所，这个问题仍然适用于你！）

2. 你以最快的速度跳过本章中的哪个想法？你认为哪些内容是无关紧要的？快速回顾一下这一点内容。想出一种创造性方式，使得这点内容可能和你相关。将你的思维扩展到你的舒适区之外。

第14章 做别人不准备做之事

14

如前所述，如果你的大部分选项为A和B，意味着你可以略读本章。如果你的选项主要是C和D，请详细阅读本章。

测验

1.在你的领域中，是否有一些方法或假设对你来说毫无意义？例如，如何评估人员或项目，如何做出决策，或者什么被视为有价值的工作？

（A）是的。我反对违背常规假设。

（B）我想挑战可疑的假设和有缺陷的方法，但我受到时间、资源、具体想法或缺乏勇气的限制。

（C）我可以找出我的领域中困扰我的因素，但我没有考虑更多。

（D）我从来没有想过这个话题。

2.在你经常使用的工作方法中，标准和常规方法所占的比例是多少？

（A）80%或以下。

（B）90%。

（C）95%。

（D）100%。

3. 你多久利用一次你所在领域不常用的资源？这可能包括技术、合作伙伴关系、信息呈现方式等。

（A）经常。

（B）我以前做过，但最近没有。

（C）我能想到一个例子。

（D）从不。

4. 你是否会放弃追求有前途的想法，因为这需要使用创新方法？

（A）恰恰相反。我寻求使用创新方法的机会。

（B）有时候。我想更多地使用创新方法，但我的工作量让我难以做到这一点。

（C）我可能潜意识地避免使用非标准方法。

（D）我宁愿追求一个不太有趣的想法，也不愿发现一个不熟悉的程序。

5. 你对障碍的态度是什么？

（A）它们通常是有回报的。当我需要克服障碍时，我会学到更多知识，并提出更有创意的解决方案。

（B）我对克服障碍充满信心，但不会以正面态度看待它。

（C）我更喜欢避开障碍，而不是克服它们。

（D）障碍让我感到害怕和沮丧。

本章邀请你反思你所在领域的任何懒惰工作方式。组织中从众心理盛行吗？是否有机会挑战惯例，以此来展示领导力和远见？

例如，研究创造力的人严重依赖替代用途测试。这是我们之前讨论过的一个测试。在这一测试中，人们被要求对砖头或塑料杯子等常见物品提出创造性的用途。这种测试出现在成百上千的研究中。

任何在这一领域进行研究的人都需要做出一个关键选择。他们要么使用其他人都在使用的测试，要么自己设计一个测试。重新发明轮子的效率很低。传统的做事方式根深蒂固，以至于人们将它们视为轮子。

替代用途测试并不是一个糟糕的测试。但有时一个领域所依赖的规范远非完美。你还记得“皇帝的新衣”的故事吗？没有人愿意指出事实。在你的领域里，有哪些被人们视为正常的问题？并不一定是大问题。它可能只是典型工作流程中的一个低效元素。每个人都容忍、配合，因为它只是多耗费几分钟而已。但是日积月累，它就会耗费许多人的许多时间。你有没有想过，也许一个简单的调整就能让客户轻松愉快地解决问题，但现在客户却要自己辛苦摸索？这中间是不是有什么不对劲的地方？方法有问题？或者，我们习惯接受的“够好了”其实并不够好？工作中有没有什么流程让你觉得特别麻烦，因为效率低或者不公平？

你的哪些长处能帮你挑战这些问题？本章会帮你找到不同于常规做法的思路。你会学到如何挑战那些大家都默认的“就是这样做的”流程。

如果你是个完美主义者，那你可太适合干这个了。完美主义者比一般人更受不了那些凑合的规矩。他们能发现那些看似合理的假设其实站不住脚，也能看出方法的局限性。不过，他们往往把完美主义用在遵守规则或拼命工作上，不敢冒险去挑战那些不靠谱的假设，或者克服明显的不足。如果你是这样的人，不妨换个角度发挥你的完美主义。说来也奇怪，懒人有时候也很擅长挑战常规，因为他们不愿意做无意义的工作，也不想遵守低效的流程。

小障碍让人们望而却步——却是你的机会

人类已经成就了惊人壮举。我们登上了月球，我们将人类的寿命延长了数十年。另一方面，人类心理也有一个不太令人钦佩的方面，那就是一点小障碍就让我们望而却步。

对于“行为助推”的研究证明了这一点。一个人采纳某种行为的可能性，取决于你让这个行为变得更容易还是更难。我们是否会做重要的事情，往往取决于微小的因素。甚至是一个选项是默认勾选还是默认不选，都会影响人们是否会自动加入退休储蓄计划。另一个例子是，等待，即使是很短的时间，也会影响决定。例如，大约5%~10%打算安装太阳能电池板的人，如果拿到许可证需要超过一周时间，就会改变主意。[1]

当人们的生活处于“仓鼠轮”的生存模式时，他们会专注于最轻松的路径。他们会专注于完成工作，以证明自己的价值。在生存模式下，你不会关注自己的长期贡献，因为那感觉太难了。然而，如果你愿意克服哪怕是微小的障碍，就能让你的工作脱颖而出。

谁有精力来干这个？如果你感觉自己像轮子上的仓鼠，该怎么办？

如果你忙得焦头烂额，这可能是你最大的创新挑战。运用你的创造力，想办法把创新融入你的工作流程中。寻找方法，创新你必须完成的任务，而不是给自己增加额外负担。

如果你想从人群中脱颖而出，以下是一些实用的方法。再次强调，本章有很多想法，不是任务清单。选择一个你想尝试的概念。

无论你是否意识到，你的某些特质、知识和人脉，都使你成为挑战行业内低效做法的理想人选。

重新审视你所在领域的不成文规则和假设

每个领域都有不成文的规则。它们可以是小事，比如在论文中标注有效的引用来源。或者它们可以是更大的事情。进行预测的有效方法是什么？如何评估人员、想法和工作产品？如何分配资源？（我们已经在前面的两章中触及了这些概念。）

有时候，那些不成文规则是保障措施。例如，引用规范有助于区分可靠和不可靠的信息。但有时不成文规则只是惯例，或是使有权势的人和机构不受挑战的手段。

实验

弄清楚你所在领域的哪些运作方式令你不满。花十分钟写下你所在领域的典型规则和假设。找出其中最令你困扰的。你能想到替代方案吗？如果你需要帮助，请使用以下这些提示。你不需要回答所有问题。选择回答那些让你印象深刻的问题。

- 什么才算有效知识？
- 决策是如何做出的？
- 如何选择会获得机会和资源的人员和想法？
- 哪些行为会让人们被认为是团队中非常有价值的成员？
- 人们如何改进并推动更高质量的工作？
- 哪些情况被认为是足够好的情况，即使人们认为还不太理想？
- 什么被认为是必要的，而可能不是？
- 完成这句话："我所在领域的传统观念认为，做X的最佳方式是Y。"例如，
    - ◇ 给予反馈的最佳方式是……
    - ◇ 帮助人们学习的最佳方式是……
    - ◇ 高效率工作的最佳方式是……
    - ◇ 激励人们的最佳方式是……
    - ◇ 分配稀缺资源的最佳方式是……

在自己对体制的不满中，如果有一些是你可以控制的，那请你写下一些要点，说明应该如何改变。

让你面临的障碍激发你的解决方案

遇到阻碍的时候，试试"问题就是出路"这种思路。[2]这些障碍怎么给你指明方向呢？比如，你碰到了监管难题。想想这个问题如何帮你找到出路？也许你能找到不受这个规定

限制的工作方法。也许正面突破很难，那我们能不能另谋出路？比如，通过合作、联盟等方式，找到一些规避监管风险的合作模式。

要是你的行业太保守，大家过于谨慎，怎么办？你可以找志同道合的人组建一个“非主流联盟”，别一个人孤军奋战。

如果行业现有的系统和流程不能满足你的需求，还有别的办法吗？你如何自建系统来找到所需资源？

沉浸在灵感的源泉中

在关于生产力的流行观念中，经常存在一种暗流观点，即激励是针对弱者的。这个想法认为，我们都应该受到纪律和强烈习惯的约束，而坚强的人不应该需要激励。让我们挑战一下这个观点。

之前说过，你花多少时间尝试变得有创意，就会对你的创造力产生多大影响。如果你想获得灵感（并进而激励他人），那就多接触你的灵感源泉。

这跟追赶潮流不一样，也不同于看新闻或其他资讯渠道了解行业最新趋势。沉浸在灵感中能帮你回归基础，避免只盯着当前行业热点的近视眼式思考。

找出你的近距离和远距离灵感源。近距离灵感源来自你所在的行业或相邻领域。远距离灵感源能触动你的创新认知基础，但关联没那么直接。比如，你想变得勇敢，可以找探险家当灵感；想探索世界的本质，可以多观察太空、自然或人。要成为有远见的人，就研究那些你认为有远见的人的思想。想打破束缚，就去寻找自由的思想，可以在人、自然、科学等任何地方寻找。

多花时间接触你的灵感源，能帮助你通过类比解决问题。你很难利用那些最近没见过的东西来做类比。如果你花更多时间和你的灵感源接触（亲自或通过阅读），你会发现更容易想到类比，前提是你稍微努力一下。如果自然是你灵感源泉，自然界如何与你的工作相关？如果很久以前或完全不同领域的某个有远见的人激励了你，他们面临的挑战和你现在的工作挑战有哪些相似之处？我们需要深入沉浸在一个主题或情境中（至少暂时），才能想到与我们工作相关的类比。

利用非常规盟友

各个领域都已经为人们如何协作建立了规范。

- 记者请专家接受采访。
- 科学家每周参加研究小组会议。
- 医疗团队每天交接换班。
- 程序员在 GitHub 上发帖。
- 做 DIY 项目的 YouTube 播主，其粉丝在视频评论区留下想法和建议。

你的职业中缺少哪些类型的协作？你认为哪种协作方式更有潜力？

你的生活经历让你接触到了人们如何协作的各种例子。关注你感兴趣的领域中的协作是如何发生的。他们的协作方式是否可以迁移到你的工作领域？

也许你属于某个粉丝群，或者你活跃在某个 Reddit 论坛。你观察到人们为什么自愿合作？是什么让协作变得如此有趣和有收获，以至于人们会利用空闲时间去做？比如，旅行黑客爱好者每月聚会一次，分享网上找不到的优惠信息。

你有没有见过人们冒着竞争加剧的风险合作？什么时候人们可能会因分享而损失，但还是选择那么做了？你能从这些观察中学到什么？

谁的知识对你很有价值？我们不可能随时问贝佐斯或马斯克问题，所以问问自己："我能问谁？"例如，关注生产力问题的编辑记者听说过太多关于生产力的论述。他们处于最有利的位置，能够告诉我我的想法是否新颖。而且我接受过很多采访，所以我有这些人际关系。

更进一步考虑，你如何才能更多地接触到知识渊博的人？你可以通过社交媒体、参加会议，或其他网络平台来实现这一目标。

愿意改变你的态度

在《问题就是出路》一书中，作者瑞安·霍利迪指出了这种关键思维转变的好处。尝试将你的态度从"我不得不这样做"转变为"我要这样做"。

我可以将"我不得不写我的专栏，截止日期就要到了"改为"我要写我的专栏，并分享我的知识。人们愿意倾听我的想法和建议，这是我的荣幸"。

或者将"我不得不仔细阅读编辑的评论"改为"我需要有人帮助我，让我的工作做得更好。这是多么好的礼物和特权啊”。

你不需要一直保持阳光的心态。这不现实，也不总有助益。（正如我之前所说，有时愤怒有助于完成事情。）然而，转变态度是有必要的，这取决于特定场景下何种态度更有效。有时我会对自己说：“好吧，我要穿上我的 ×× 人设了。”

超越被过滤的信息

在互联网时代，算法会向我们推荐我们可能感兴趣的内容。结果，少数观点获得了广泛的流行。许多人同时持有相同的观点。当我们的思考被引导时，虽然效率提高了，但我们接触到的思想多样性却减少了。

想想那些决定你接触哪些观点的过滤器。例如，谷歌学术是一个允许任何人搜索科研成果的平台。当你使用谷歌学术时，你可以按引用次数进行搜索结果排序。论文被引用次数越多，其影响力就越大。当你没有时间阅读所有内容时，这是一种快速检索的捷径。然而，它创造了一个正反馈循环：流行的变得更流行，被忽视的继续被忽视。

由于世界被设置为为你过滤信息，你需要制定策略来对抗这种趋势。否则，你将接触到与其他人相同的观点。

如果没有特定的策略和习惯来接触新颖的思想，你会发现自己的思维受到限制，沿着狭窄的道路前进。

实验

如何确保自己不局限于领域内的主流观点？你可以建立哪些系统来避免只接触流行或当下的想法？

做别人觉得太乏味的事情

看似矛盾的是，创造力和远见往往是从做别人认为过于乏味的事情中产生的。

以下是一些具体示例，说明愿意做别人不愿意做的事情，能够如何加速你的成功。

愿意等待

当所有人都忙于追逐热门领域时，那些未被开发的、被忽视的细分领域往往蕴藏着巨大的机会。长期在这个细分领域积累能够让你对这个领域有更深入的了解，发现别人看不到的机会，提高竞争壁垒。等待机会来临时，竞争对手可能已经放弃了，这时你就可以以更低的成本占领这个领域。

忽略不重要的缺陷或你可以克服的障碍

乔布斯在开发苹果手机时，面临着一个巨大的挑战：当时市面上还没有成熟的触摸屏技术能够满足他对手机交互体验的高要求。许多人认为，触摸屏技术还不够稳定，容易出现误触，而且电池续航能力也不理想。

乔布斯和他的团队却看到了触摸屏的巨大潜力。他们认为，触摸屏能够带来更加直观、流畅的交互方式，彻底改变人们使用手机的方式。

为了克服技术上的难题，乔布斯和他的团队忽略了现有技术的限制：他们没有拘泥于当时的技术水平，而是另辟蹊径，抛弃了主流的电阻屏，大胆采用了当时还属于前沿技术的电容屏，并整合了多项技术。苹果手机触摸屏最终一举成功，不仅改变了手机行业，也影响了整个科技行业。

回到旧想法

人们常常不愿意回顾旧资料，即使这些资料可能提供宝贵的信息来指导决策。在这样一个快节奏的世界里，引用一本十多年前写的书可能会让你听起来像个哲学家！然而，重新审视旧观点可以带来很多价值。有人认为，创造力就是找到一个历史上的想法，并使其适应当前的问题和需求。[3]

考虑原型设计

原型设计，简单来说就是设计一个模型，让我们可以直观地看到产品未来的样子，提前验证它的功能。你可能看不到原型设计概念如何适用于你和你的工作。如果你这样想，就太狭隘了。

原型设计不仅仅适用于物理产品。如果你想提供一项新服务，改变工作流程或客户体验的某个元素，尝试一个简单的想法，与非传统的盟友合作，提供在线课程或创建其他资源，都可以先制作原型。

如果你想在生产产品之前测试产品市场，或在设计服务之前测试服务市场，原型设计都可以帮助你。

你要乐于对一个想法进行原型设计。大多数人都不是这样的，所以他们的想法仍然停留在他们的脑海里。

视觉化工作

人类是视觉动物。人类大脑中用于视觉处理的部分比其他任何感官都要多。在企业界，书面文字是首选的沟通方式。在这种环境下，人们可能会认为自己无法进行视觉创作。通过学习视觉沟通技巧，你可以从人群中脱颖而出。它能让其他人觉得你提供的信息更深刻。

实验

搜集能够激发你的兴趣的视觉呈现方法。花一个小时在谷歌上搜索一下，获得一些想法。

用幽默沟通

这一点与上一条类似。幽默的沟通往往更有效。幽默有助于思想传播和扎根，但人们却看到了可能并不存在的幽默障碍。你可能会怀疑自己使用幽默的能力或他人对幽默的开放程度。考虑一下这些障碍是否可能是想象出来的。例如，许多人可能认为在航空安全视频中使用幽默是不可想象的，直到一家创新公司这么做了。

创建资源，如工具、模型、测试、问卷和流程图

在第10章，我曾提到，共享有用的自动化策略是一种非凡的社交手段。在心理学领域，一些最著名的研究人员是那些做过流行实验的人。他们的工具被世界各地的其他研究人员和临床医生使用。当你创建和传播资源时，你的思想会被广为传播，产生影响的可能性会大大增加。

实验

你的头脑或办公桌抽屉里还锁了哪些有用的信息或资源？你如何分享这些信息？

要点总结

1. 早些时候我说你处于独特的位置，可以为你的领域做出新颖的贡献。你准备做些什么，是大多数人都不愿意做的？即使你仍然不愿意做本章中90%的建议，或者它们看起来不够有价值，但总有一些事情你是愿意做而其他人不会做的。这将取决于你独特的个性、经验和技能。

2. 做哪些稍微困难的事就可以让你轻松获胜？还有哪些看似简单却可能带来启发的事情，而大多数人却不愿尝试？

第15章 如何像专家一样思考

15

如前所述，如果你的大部分选项为A和B，意味着你可以略读本章。如果你的选项主要是C和D，请详细阅读本章。

测验

1.当你遇到棘手的工作问题时，你会感到多大程度的焦虑？

（A）轻微或根本没有。我在摆脱困境方面经验丰富，并且相信我解决问题的流程工具。

（B）适度。最终我会完成任务，但我没有科学方法论的指导。

（C）当这种情况发生时，我严重怀疑自己能否胜任这项任务。

（D）如果我对一个项目有这样的感觉，我会立即放弃。

2.你如何看待你的直觉和不完整的想法的价值？也就是你直觉上认为有意义或有前景，但尚未完全成型的想法。

（A）我的一些最杰出的成就就来自这些想法。我经常在几个月甚至几年后重新审视不完整的想法。

（B）有时我认识到，我的一个新想法来自我很久以前的一个模糊想法。但我不知道这是怎么发生的。

（C）我一般会因为自己不完整的想法而感到沮丧。我对它们是否有价值感到困惑。

（D）我没有意识到我有这些想法。

3.你对自己解决问题的视角有多大信心？

（A）我有一种研究问题的方法，这对于解决我的领域内外的许多难题都很有用。

（B）我认为我的专业知识在一个狭窄的领域内是有用的。

（C）我认为我所拥有的任何见解都不太有用。

（D）我认为我在自己的领域还没有获得足够的经验来做到这一点。

4.你经常使用类比法进行思考吗？

（A）经常。我会特意使用近（我的领域内）和远（我的领域外）类比来理解问题。

（B）我想是的，但这不是一个预先安排好了的策略。

（C）我很少使用远类比。我有时会使用近类比。

（D）我很少使用这两种类比。

5.新的问题会让你想起你之前已经成功解决过的问题吗？例如，你是否意识到，你可以将之前项目中使用过的策略用于新项目？

（A）这种情况经常发生。新问题总是感觉像旧问题。

（B）我确实这样做，但当新老问题表面上不相似时，我可能会找不到其中的联系。

（C）在新项目进行到一半时，我才意识到这些联系。例如，我陷入了困境，使用了之前用过的一种策略，并意识到我应该从一开始就使用该策略。

（D）我没有建立起这些联系。

本书的一些读者已经是其领域中的专家。如果你还没有成为自己领域中的专家，你可以了解专家的想法，来实现自己的精进。正如你将学到的，专家以特定的方式思考，这与他们的创造力和远见直接相关。如果你已经是专家，本章将帮助你发挥专业知识带来的优势。

如今，“专家”一词似乎不再那么受推崇。很多人认为，专家往往过于局限于自己的专业领域，而那些“门外汉”往往能带来一些全新的、意想不到的视角。这些局外人，凭借着一些看似不相关的知识或独特的类比，常常能解决困扰专家们的难题。[1]

诚然，这种观点不无道理。但我们也不能忽视专家思维的价值。本章将深入探讨专家思维的特点，帮助你更好地评估自己，发现自己的优势与不足。通过学习，你将更接近专家思维，或者更深刻地认识到自己作为专家的潜力。

专家是他们工作流程方面的专家

专家之所以成为专家，是因为他们通过大量的实践，对自己的工作方式有了深刻的理解。他们能将复杂的任务分解成更小的、可管理的部分，并熟练应对过程中那些看似混乱的阶段。随着经验的积累，他们对自己的工作流程越来越有信心，相信这些流程能帮助他们产出高质量成果。

你也可以通过不断实践，逐渐建立起属于自己的工作方法。如果你能留心观察自己的工作习惯，并不断优化，就能更快地提升自己的能力。当你有足够的信心应对各种挑战时，你就能更有勇气去尝试那些更有创意、更具突破性的项目。

刚开始时，我们往往对自己不够自信。比如，我知道在感觉疲惫或卡壳时停下来休息对我有好处，但要克服这种“一直工作到筋疲力尽”的社会压力并不容易。然而，随着经验的积累，我逐渐相信自己的这种做法是有效的。

实验

你对自己完成工作的哪些习惯和方法，最需要坚定信心？即使你的工作方式与你心目中的“高绩效者”形象不符，是什么让你取得了高绩效？

专家通过他们的专业知识看世界

人们常常批评专家只从自己的专业角度看世界。想象一下，你问不同领域的专家理想的城市规划应该具备哪些特点。工程师会从系统工程的角度回答，心理学家会从人类行为的角度回答，环保人士会从节能减排的角度回答，卡车司机会从物流配送的角度回答，园林学家会从城市绿化的角度回答。[2]

通过特定视角看世界并非坏事。例如，在新冠疫情期间，不同背景的专家提供了独特的见解。一些专家从艾滋病领域的接触追踪工作中积累了相关专业知识，另一些专家则从季节性流感的传播经验中了解疾病的传播。将特定经验的视角应用于问题，可以让你获得其他人无法得到的洞见。

不要害怕将自己的经验视角带入团队和工作中。正如我们之前讨论的，你的视角可能来自你的背景或兴趣，也可能来自你之前的项目。有时，人们会有种直觉，认为新问题让他们想起了以前遇到的问题，尽管无法明确其中联系。

经验视角只有在你没有意识到它，你不愿意在必要的时候摘下它，或者不愿意通过别人的视角看问题时才会变得糟糕。矛盾的是，只有当你更清楚自己的视角，反而更容易发现谁可能有不同的但同样有价值的视角。这种对不同观点的包容，是好奇心的体现，也是创新思维的源泉。[3]

实验

你通过什么视角看世界？你会刻意隐藏这些视角吗？

专家不一定“按方吃药”

习惯专家懂得何时该摒弃旧习惯。[4]例如，经验丰富的建筑专家可能会建议新手用电子表格计算翻新成本，但他们自己却在与承包商现场勘察时迅速做出成本估算。我不认为蒂姆·费里斯（一位效率大师）真的每周只工作四小时（没有贬低的意思，我喜欢他的作品）。

我不是说专家是伪君子。专家通常基于其建议背后的原则行事，但不总是遵循具体细节。专家经常使用给别人的建议的简化和更直观的版本。例如，我更喜欢使用快速简便的方法来缓解焦虑，比如散步，而不是更复杂的技术。

如果你想像专家一样思考，尝试简化你读到的建议。认识到专家的模型可能会变得臃肿。理解策略背后的原则，而不仅仅是遵循其中僵化的步骤。这将使你更好地判断策略的哪些部分在特定情况下重要，哪些不重要。

专家使用结构类比和因果推理

新想法常常源自观察、类比或因果推理（比如正反馈循环）。

通常情况下，人们难以运用那些表面上毫不相关的类比，尤其是在正式场合。然而，专家们却经常通过类比进行思考。有研究显示，在团队会议上专家们平均每小时会提出三到十五个类比。[5]

专家们善于从问题的结构入手，分析其中的因果关系。[6]

下面是一个例子。

正反馈循环是一种常见的因果机制

最典型的正反馈循环就是麦克风啸叫，声音不断被放大。全球变暖也是一个例子。水比冰吸收更多的太阳热量，冰层融化导致气温上升，进而加速冰川融化。[7]另一个更鲜明的正反馈循环例子是：明星通过代言高端品牌获得曝光，提升了自己的影响力。人们认为，高端品牌选择合作的明星一定有其独特魅力。明星的影响力随之扩大，吸引更多粉丝，从而获得更多高端品牌的合作机会。

类似的“富者愈富”现象比比皆是。如果你想培养专家思维，就要尝试从结构层面思考问题。

实验1

现在让我们来快速练习一下类比思考和因果推理。你能想到一个正反馈循环的例子吗？请发挥你的创造力，想出一个来自完全不同领域的例子。如果你能想到负反馈循环的例子，那就更棒了！负反馈循环是指一个过程抑制或减慢另一个过程的现象。例如，人体体温调节就是一个负反馈循环的例子。体温升高→ 排汗降温→ 体温下降，如此循环，人体会保持相对稳定的体温。

如需更多结构性思维练习，请查看www.AliceBoyes.com上的资源页面。

实验2

选择你遇到的一个生产力问题。尝试根据该问题的某些结构特征来界定该问题。

这里有些例子：

- 别人期望你过度工作。
- 你需要具有灵活性，以应对供需不平衡的情况。
- 你的竞争对手可以获得无限的廉价资本。

当你选择一个问题时，问问自己，“这个问题在不同的行业、国家或时期是如何解决的？”

从一个不相关的领域中提出一个类比，该类比也存在相同的结构元素。问问你自己，这个类比是否可以帮助你解决问题。如果不能，请尝试另一个类比。

专家对自己不完整的想法充满信心

伟大的想法并不总是完全成形的。它们可能是不完整的想法或包含某种直觉上的预感。一个不完整的想法，顾名思义就是一个有缺陷的想法。直觉预感是指你感觉到一个想法的核心内容很重要。随着时间的推移，你对其全部含义和相关性以及确切机制的理解会逐渐显现。

当你还不是专家时，你很难相信自己不完整的想法和最初的直觉，很难相信它们是有价值的。因为，和专家的直觉相比，你的直觉建立在更薄弱的知识和经验基础上。你也缺乏把你的直觉预感或不完整的想法变成伟大事物的现实经历。

培养不完整的想法和直觉预感，需要心理技能。你需要容忍不确定性，即哪些不完整的想法和直觉预感会结出果实，哪些会落空。

你需要克服寻求他人帮助完成想法时的犹豫。人们有时会因为分享未完全成型的想法而感到尴尬或焦虑。当你分享一个不完整的想法时，你就让别人进入了你的思考过程。他们可能会提醒你一种你从未考虑过的不同思考方式，即他们如何理解概念和解决问题。

为了帮助你更清楚地理解不完整想法的概念，这里有一些例子：

- 你想做某事，但没有明显的方法使其可行。你不知道如何在实践中实现它。它的某些方面可能远远超出你的技能范围。
- 你想做某事，但它与你目前的职责不符。你不知道如何根据你的战略目标或你应该做的核心工作来证明追求它的合理性。
- 你可能会被一个想法所吸引，它看似微小，不值得追求。如果你一直被它所吸引，你最终可能会想出一种方法，让它变得足够重要，值得去做，或者最终理解了为什么它一直都很重要。
- 你不确定如何调和两个看似不相容的目标。
- 你观察到一种模式，但不确定其因果机制是什么。这可能与你的工作主题或工作流程有关。例如，也许你发现其他人似乎很容易做到你认为很困难的事情，但你不确定他们是如何做到的。你可能需要一段时间才能理解他们不同的思维过程，这导致了你和他们之间的绩效差距。

你可以把那些你觉得重要但没有立即遵循的生产力建议视为不完整的想法。与其自责没有贯彻执行，不如定期重新审视这个想法。当你重新审视它时，看看是否能找到一个愉快的应用方式使其与你最紧迫的问题相关联。

实验

仔细思考这些问题：

- 你如何更好地察觉自己的直觉和不完整的想法？
- 你怎样才能更愿意定期重新审视那些不完整的想法，直到它们的相关性或路径变得清晰？
- 谁可以帮助你完善那些不完整的想法或直觉？他可能是你人

际网络中的某个人，也可能是你并不认识的模范人物，但你可以通过他的写作、采访或传记了解他的思维过程。

专家们在工作之余思考工作

我之前提到过一些生产力和心理健康方面的专家建议，在下班后完全停止工作。每个人都需要有一些不用去考虑工作的闲暇时间。然而，我们也知道，僵化的规则是心理健康和生产力的敌人。研究表明，在工作时间之外思考如何解决问题的人会产生更多新颖的想法。他们更有创造力。[8]

通过制定日常例程，你可以比较轻松地做到这一点。将某些活动（例如散步或上下班通勤）与思考工作问题结合起来。将其他活动（例如与孩子玩耍）与对工作的思考隔离起来。如果你坚持这样的配对，你的大脑就会学会区分。我尝试在深度工作结束后或刚醒来时对工作想法进行更开放的思考。

当我们放慢速度时，大脑就会切换到所谓的默认模式。你以前可能听说过它。这种模式的工作包括自传体思维和道德推理。[9]因此，当我们停止集中注意力时，我们会仔细考虑过去和未来的人际关系、决定，或者莫名焦虑，甚至无法释怀。如果你能以一种善待自己的态度对待这些想法，就能避免过度自责，不至于让这种想法主导了你的放松时光。

你可以学会区分以下两种思考的类型，进而控制放松时的思考：一种是情感上的反刍思考，通常聚焦于过去发生的不愉快事件，让我们感到情绪低落；另一种是解决问题的思考，这种思考更关注当下或未来，通常是中性的，或者与积极的情绪有更紧密的关联。

反刍思考会对人们从工作中恢复的能力产生负面影响，它与急性疲劳和慢性疲劳感密切相关。而解决问题的思考似乎不会产生同样的不良后果。[10]

理解解决问题的思考对心理健康的影响并不容易，其中一个原因是：那些更倾向于反刍思考的人也更倾向于解决问题的思考。当人们感到沮丧时，解决问题的思考就会变成反刍思考。最重要的信息是，反刍思考大多是消极的，而解决问题的思考大多是积极的。如果你陷入反刍思考无法释怀，你需要及时识别并转向其他想法。

如果你讨厌在工作之余思考工作，问问自己是否容易陷入无法释怀的反刍思考，你的工作项目对你来说是否足够有意义，以及你是否有足够的恢复时间用于思考工作之外的事物。

专家善于找出工作中最新颖的特征

专家可以快速吸收知识。当他们读新东西的时候，绝大多数内容都是他们熟悉的。如果我读到的一篇论文中有90%的内容是我所熟悉的，我就可以专注于其中新颖的部分。这对精神上的负担要小得多。这意味着我可以快速阅读更多的研究成果，而不会感到疲惫。而且，对于专家来说新颖的东西，可能确实是新颖的。

由于专家的注意力没有被所阅读的内容完全消耗掉，因此他们可以关注内容之外的特征。例如，如果你遇到一位领域内的专家所做的演讲非常好，你可以关注是什么让他的演讲如此迷人，而不仅仅是内容方面的。

专家可以发现内容中的不寻常特征。例如，如果你是一位代码高手，你可能会发现别人写的代码中任何非标准化但创新的特征。

一旦进入这个阶段，你就可以好好利用它。你可以将遇到的任何新颖的想法归档到你的不完整想法档案中，而不是短暂地觉得“这很有趣”，然后很快忘记它。

专家与其他专家交流

娱乐业中有这么一个说法，摇滚明星了解摇滚明星。他们认为，某个子领域中排名前20%的人会认识该行业内其他子领域中排名前20%的人。例如，

- 排名前20%的炒房者认识排名前20%的物业经理。
- 排名前20%的房地产中介认识排名前20%的贷款人。
- 排名前20%的水管工认识排名前20%的电工。

如果你想进步，这是一个很显而易见的法则。如何加入这个有益的社交网络？如何更好地利用它？

要点总结

1. 你非常擅长的一种专家思维方式是什么？你如何更好地利用它？

2. 在所有能让你像专家一样思考的方法中，哪一种对你来说最有价值？你如何能以一种简单的方式做到这一点？

第16章 如何变得更加勇敢

16

如前所述，如果你的大部分选项为A和B，意味着你可以略读本章。如果你的选项主要是C和D，请详细阅读本章。

测验

1.你认为自己是一个勇敢、有创造力的人吗？

（A）是的。

（B）这没有定论。有时是，但有时我怀疑我是否有足够的创造力。

（C）我经常感到自己勇气不足。

（D）不，我认为自己胆怯且循规蹈矩。我不喜欢冒险。

2.你经常尝试让自己富有远见吗？

（A）经常。

（B）有时候。

（C）很少。

（D）我甚至不考虑尝试。

3.在职场上，勇敢对你来说意味着什么？

（A）承担困难的项目并引导我的情绪来帮助我保持专注。

（B）我认为勇敢是一种偶尔需要的技能，帮我完成我不常做的任务。

（C）能熬过一周的工作，我就感觉这是一种勇敢的行为了。

（D）我只将其视为公开演讲或要求加薪之类的事情。

4. 你执行核心任务的方式是否反映了你最重要的价值观（无论这些价值观是什么，例如好奇心、开放性、乐趣、公平、探索）？

（A）我按照自己的价值观行事。例如，我以好奇的态度对待会议、电子邮件、对话、分歧，等等。

（B）我的行为看起来和其他人没什么两样，但我在日常工作中巧妙地践行了我的价值观。

（C）我偶尔会尝试，以反映我的价值观的方式完成任务，但大多数时候我都会循规蹈矩。

（D）我以标准方式处理重复性任务，例如，我在会议上的表现与其他人一样。

5. 你能勇敢地处理困难的情绪吗？

（A）我经常利用困难的情绪来推动寻求创新性的解决方案。

（B）我偶尔会用困难的情绪来激发我的勇气。

（C）当我感到负面情绪时，我仍然可以完成工作，但我只专注于完工交差。

（D）当我遇到困难的情绪时，我整个人会僵住，或者我会责怪别人。

在最后一章中，我们将汇总迄今为止所涵盖的所有内容。到最后，你应该对阅读本书的收获有一个整体的认识。你将了解你所学到的技能能够带你走向何方，并为未来感到兴奋。

勇敢并不是你想象的那样

富有创造力和远见，这需要勇气。在现实中，勇敢并不像脸谱化的刻板印象那样。勇敢不是要你承受任何体力上的艰辛，也不是在公共场合表演，也不总是关于进行困难的对话。相反，勇敢指的是你允许自己追随自己的想法。

勇敢指的是当你：

- 将精力投入到更有意义、有价值的长期项目上，而不是走捷径——完成熟悉的任务，然后将其从日常待办事项清单中划掉。
- 押注于自己和自己掌握不熟悉技能的能力。
- 关注一个想法的闪现。
- 做出与传统观点不相符的观察。
- 思考你的观点何时可能有缺陷。

在你将勇敢解构之后，大多数勇敢的行动并不难办。它们通常与你每天的行为类似，例如发送电子邮件、打电话、谷歌搜索、阅读信息、提出问题和遵循指示。不同的是这些行动所服务的目标。为了改变你所关注的目标，你需要让自己超越日常的工作。我们在整本书中都重点关注这一点，这是最重要的事情。

勇敢地承担更远大、更难解决的项目

变得更勇敢，它的一个要点是选择那些如果成功就会产生重大影响的项目。

本书的一个核心主题是，与你工作的速度相比，你选择做什么更能影响你取得的成就。你可以预见，重要的问题通常会更难解决。如果你要解决人类尚未解决的问题，那就更是如此。

你需要从外部获取新思路。这些外部人士拥有你所不具备的视野和优势。这可能意味着你要去寻求团队外的或本行业权威圈层之外的意见。主动联系外部人士需要勇气。

一个相关的观点是，勇敢通常需要投入一些时间，以从传统意义上讲可能不是那么高效的方式工作。你需要自信，让自己花时间接触你的灵感，培养你的创造力，或者在谷歌上搜索、阅读你感兴趣的随机事物。你需要相信，你的投资最终会比总是选择开展一项低效能的活动更有成效。

实验

在现实中，如何放手效能平庸的任务，过渡到去追求具有更大潜在影响的项目？要回答这个问题，请将你在整本书中学到的知识汇总起来。

继续关注低效羞耻

我经常听到人们谈到，自助和效率方面的书籍给他们留下的一个印象就是他们很懒惰。

让我总结一下我之前所说的。如果你有这种感觉，那不是你的问题，而是我们（指心理自助行业）的问题。我们写这些话题的方式很容易让已经不知所措的人感到更加无所适从。

请记住我在第4章中所说的。从进化的角度来看，人类进化出懒惰的特质是不符合生存需求的。我们都有一种与生俱来的动力，有时会变得高效，有时又会变得懒惰。定期偷懒是一种自我保护。让自己疲惫不堪是不明智的。有时你不需要克服内心的懒惰。你已经拥有了高效工作的健康动力。

当你卸下每天每一分钟都要高效工作的压力时，你就会有更多的情感和认知能量，去专注于那些有意义的项目和重大胜利。

如果你是领导者，请帮助你所领导的人克服因为低效而产生的羞耻感和攀比。羞耻感让我们退缩。当我们有这种感觉时，我们就不太可能采取勇敢的行动，比如说出我们不完整的想法或与非常规盟友接触。

深入了解你的内部流程，这将帮助你承担艰巨的项目

从事长期和短期的项目所涉及的行为和基本技能是相似的，但相关的情感是不同的。踏上一条漫长的道路可能会引起焦虑。当一个项目无法保证成功时，就更需要你容忍焦虑。你需要自我认知、策略和习惯，以免陷入选择短期、可预测任务的陷阱，仅仅因为这些任务更舒适、熟悉。

如果你要承担困难的事情，你需要相信自己的自我管理能力。你得知道：

- 如何让自己对创新保持开放心态。
- 如何疏导困难情绪，以帮助自己集中注意力。
- 哪些惯例能让你长期进行深度工作。
- 哪些优先等级排序流程最适合自己。
- 解决你遇到的难题的首选方法。

实验

我们已经讨论过这一切了。重新阅读上一段，评估一下你目前的优势和弱点。你对哪些流程充满信心？哪些还需要改进？你不可能通过一次阅读就掌握所有技能。当你发现弱点时，准备好回头重新阅读相关章节。第二次阅读会产生新的想法。如果几个月过去了，你的关注点发生了变化，则更是如此。你会发现更多的细微差别，因为你已经熟悉了大致的想法。在随后的阅读中，你会以半专家的视角回到材料中，从而发现更多微妙的点。

对其他任何对你有影响的书，你都可以选择重读。例如，在2007年第一次阅读《每周工作4小时》之后，我今年又重新阅读了这本书。

了解你的自我破坏模式

有些人读了本书后，仍然会觉得他们注定不会做任何有意义的、有远见的或原创性的事情。

实验

哪些自我破坏模式会阻碍你富有远见？选择你认为最大的问题。我相信我的最大问题是将事情过于复杂化。这使我忽视了完成有远见或高效能工作的简单方法。你的自我破坏模式可能是一种类似于“我无法接触到我不认识的人”的思维方式。或者可能是一种行为模式，比如难以安排时间去尝试做富有远见的事。

将勇敢与你的核心价值观联系起来

有些人自然而然地将勇敢作为他们的最高价值观之一。如果你对此不感兴趣，你可以使用变通方法，来激励自己变得更勇敢。变通办法是什么？通过将勇敢与其他核心价值观联系起来，你可以真正变得勇敢。

实验

考虑一下你想要注入生活的价值观。选择重要程度前三到前五的价值观。例如，自主、冒险、挑战、能力、卓越、责任心、乐趣、安全、效率、公平和自由，等等。

你无须对自己的选择感到过度压力。选择现在你觉得最重要的几个价值观。你的某些最高价值观可能会不时发生变化。这种情况可能会发生，因为人在不断成长，或者你的关注点在人生的不同阶段发生了变化。

思考一下，勇敢地践行每项价值观会带来什么不同。不断产生想法，直到找到一个让你感觉有吸引力且马上就能践行的想法。例如：

- 更勇敢地践行自主价值观可能意味着拒绝“崇拜假偶像”的诱惑，也就是选择不使用某个指标来衡量你的成功，因为该指标不能反映你的工作对现实世界的影响。
- 更勇敢地追求卓越，这可能需要你大胆地通过数据检验假设。或者它可能涉及获得你期望能帮助你成长的反馈，但你在获得这些反馈时面临一些困难。例如，你可能想请求与你竞争的人提供反馈。
- 更勇敢地体现冒险的价值，这可能涉及探索新的技能或人际关系，而不必过度期望这可能会带来什么回报。也许你可以每月花一些时间，与一个人一对一交流，而此人通常没有机会接触到你。你这样做是为了看看他们带来了什么想法，以及这会带来什么结果。
- 更勇敢地体现挑战的价值，这可能需要你更多地发展自己的直觉和不完整的想法。
- 更勇敢地践行乐趣的价值可能涉及更多地使用艺术和幽默来激发你的创造力。

如果你无法完成此练习，请尝试在谷歌上搜索你选择的价值观的定义。你知道这些字眼意味着什么，但有时查看不同的定义可以激发想法。

有趣的扩展实验

选择那些你欣赏的具有创新精神的人。想想他们选择的项目以及他们如何实施这些项目。有鉴于此，你猜他们会说他们的三个最高价值观是什么？他们所承担的创新性项目充满挑战，他们的价值观如何帮助他们克服障碍？

做完这个实验，你会发现有创意的成功人士并不都有相同的价值观。例如，将比尔 · 盖茨与埃隆 · 马斯克进行比较。这可以令你相信，通过践行自己的价值观也能完成伟大的事情。

当你经历困难情绪时，要更勇敢

回到第4章，在我们讨论成长思维时，我们了解到，要提高生产力，需要将困难情绪作为集中注意力的动力。现在你已经读到了本书的结尾，对于如何做到这一点，你比刚开始读这本书的时候了解得更多了吗？对于你本人如何利用困难情绪来帮助你集中注意力，你有什么理解？

- 你可能会更好地了解，在有些情况中，你没有从事你本可以去做的最重要的工作。你可能通过自我观察或阅读有关如何确定优先顺序的章节中获得了这些知识。
- 你可能会更好地了解自己的优势以及你喜欢如何解决问题。当你感到困难情绪时，你可以运用你的优势来解决如何集中注意力的问题。
- 对于你需要关注的内容，你可能会有一些不同的想法。你可能想要勇敢和创新，而不仅仅是心无旁骛。
- 你可能已经想出了自己的独特法则，以指导你在感受到困难情绪时的习惯行为。（如果需要复习，请参阅第4章。）

当你感到困难情绪时，利用创造力来提升你的注意力

现在你已经思考了如何变得有创造力和有远见，接下来重新审视一下如何利用困难情绪来集中注意力。

例如，如果你感到无聊，可以尝试从自己的兴趣中找到

一个想法，使工作任务变得更加有趣。如果你感到沮丧，请进行头脑风暴，思考新方法，包括你所在领域传统上不使用的方法。如果你感到生气，你可以创造性地应用你的一个价值观，为你提供如何处理这种情况的内在指导。

特别是，想想你在不知所措时会有何反应。当人们遇到麻烦时，他们要么僵住（懵了，忽略任务）、逃跑（自我分散注意力，退出项目），要么战斗（试图成为轮子上更快的仓鼠）。你如何创造性地运用你的价值观，来做出不同的反应，并使其成为一种习惯？

当你超负荷运转时，如何使分散的注意力转向专注，这取决于你超负荷工作的原因。完美主义者需要策略来更好地了解全局。对很多事情都感到兴奋的人需要建立常规，来帮助他们专注于最重要的项目。那些规划能力差的人需要更多地了解如何以最合乎逻辑的顺序完成任务。容易生气的人需要更好地理解别人观点的技能。缺乏安全感的人需要更好地认识自己的优势，并将其运用到他们认为难以应对的任务中。

你可以应用你学到的任何创造性思维技巧，来解决感觉不知所措的问题。你需要改变你想要解决的问题吗？你需要挑战你的假设吗？你需要找到一个类比吗？你是否需要通过做大多数人不准备做的事情来解决问题？

如何在你的典型任务中注入勇气

以下是一个关于勇气的思维陷阱。人们有时认为他们需要以典型的方式完成所有日常工作任务，然后做一些更需要勇气的额外事情。关键时刻可能来自于做一些超出你日常工作范围的事情，也可能来自以不同的方式处理日常任务。如果你不考虑如何在日常工作中注入更多勇气，你就会错失机会。

请注意，我并不是建议你在所有时间都勇敢。我们都需要平衡。我们都需要接受足够的挑战，才能从中感受到活力。但挑战也会导致负担过重。你不需要在太多时间都迎接挑战，以至于没有喘息的空间。

快速浏览你的核心工作任务。例如，写报告、参加会议、写电子邮件、与经理交谈，等等。说出对每一项任务而言，带着更多的勇气去做会带来什么不同。

这里有一些可以激发你思考的例子：

- 在会议中的勇气，可能是支持那些发言被忽视的人的观点。例如，你大声说“让我们回到艾伦的想法……”，说出你的观点和根据，或提出相关问题。在会议中的勇气，可能是质疑其他人隐含的假设。例如，“我们会不会错误地忽视了客户意见？万一这种意见有道理呢？”
- 在写电子邮件中的勇气，可能是在末尾中发出邀请，请收件人预约一个15分钟的电话通话。你也可以邀请人们就任何需要投入创意的事情来征求你的建议。你不需要像大多数人那样把自我封闭起来。我从B.J.福格教授那里得到了这个想法。他允许别人跟他预约 15 分钟的时间，询问他关于习惯和行为设计等方面的问题。
- 为演讲注入勇气，可能是更好地讲述故事，而不是罗列枯燥的数据。
- 为合作注入勇气，无论是通过电子邮件还是面对面交流，都需要你更多地表达不完整的想法。

- 变得更加勇敢，这通常意味着拥抱不同意见和声音。你需要的是各种各样的思路，而不光是聆听一种声音（组织内部的最强音）。那些随大流想法的人，往往很难接受不同的观点。[1]

实验

想想你牢固树立了的价值观。勇敢地执行这些价值观与你处理典型工作的方式有何关系？

勇敢地表达有趣的想法，首先需要有这些想法

如果你很少进行自我反省或观察世界，如果你没有在练习一项技能，如果你没有在谷歌上搜索和广泛阅读，那么你就不太可能有令人着迷的想法。在某种程度上，你的勇敢来自于你投入时间和精力去注意和应对不寻常的想法和观察。

实验

是什么让你产生了有趣的想法？你如何才能发挥自己在该领域的优势和兴趣？例如：

- 如果你有强烈的怀疑或焦虑倾向，你可能擅长质疑假设，或思考可能会出错的情况。
- 如果你擅长在社交场合让人们放松下来，你更可能会获得别人尚未与其他人分享的想法。
- 如果你有强烈的好奇心并广泛阅读，你可能会擅长将其他领域中的想法带入你的工作中。
- 如果你善于换位思考，你可能会了解是什么让你的客户感到高兴或不高兴，而其他人则忽视了这一点。

在获取和识别不常见的知识方面，你的特殊优势是什么？

培养智识上的谦逊

智识上的谦逊，也就是不要总认为自己的想法和信念比其他人的更正确。如果你有智识上的谦逊，你就会愿意根据新数据或有说服力的论据来更新你的观点。

在复杂、高风险的决策环境中，勇敢通常意味着愿意处于一种感觉不确定的状态。当你愿意更长时间地保持不确定性时，就可以防止你过早地拒绝某些观点。

如果你是一个完美主义者，保持智识上的谦逊可能会很困难。每当你开始被不一样的观点说服时，你可能会责怪自己没有早点获得这种洞察力。

更清楚地意识到自己的假设，可以帮助你培养智识上的谦逊。例如，假设你一直对多元化招聘的观念嗤之以鼻，你不相信多元化思维有助于团队成功。认识到像这样的被排斥的想法，是审视该想法的第一步。

实验

考虑一下，更多智识上的谦逊如何让你变得更勇敢，以及这如何有利于你的工作。有什么简单的方法可以让你在这方面做得更多？

收尾

你做到了！感谢你与我一起踏上这段思想之旅。我将给你最后一个思想实验来作为收尾。

更勇敢地工作将怎样提高你的生产力？

你该祝贺自己读完了本书。不要觉得自己在书中谈到的这些方面做的不完美。让自己在接下来的几周和几个月内回想这些内容。以你能想象到的最简单的方式，来实施你获得的显而易见的见解。如果你受到特定想法的启发，但还没有弄清楚它们如何能应用于你最紧迫的问题，请给那些不完整的想法以时间和喘息空间，让它们发展成形。你可以通过与他人分享书中的想法来促进这个过程，因为这样做也会让你自己有更加清晰的认识。运用从书中所学，你将去做创造性和有远见的工作，我对此感到兴奋。如果你在做这项工作时感到负担过重，那就摆脱不必要的（和自我破坏性的）压力，你不需要让自己在每天的每一分钟都保持高效能。

注 释

第一部分　自我内省

第 1 章　你是解决方案，而不是问题所在

1. Daisley, “Don’t Let Your Obsession with Productivity Kill Your Creativity.”
2. France, “Kim Kardashian West Fangirls over ‘Bridgerton’s’ Featheringtons Being Inspired by Her Family.”
3. Read and Sarasvathy, “Knowing What to Do and Doing What You Know”; Sarasvathy, “Causation and Effectuation.”
4. Mankins, “Great Companies Obsess over Productivity, Not Efficiency.”
5. Wood, *Good Habits, Bad Habits.*
6. Clear, “This Coach Improved Every Tiny Thing by 1 Percent and Here’s What Happened.”
7. Chess, Thomas, and Birch, *Your Child Is a Person.*
8. Wood, *Good Habits, Bad Habits.*
9. Martin, “The High Price of Efficiency.”
10. Kashdanet al., “Understanding Psychological Flexibility.”
11. Lu, Akinola, and Mason, “Switching on Creativity.”
12. Healy, “The Surprising Thing the Marshmallow Test Reveals About Kids in an Instant- Gratification World.”
13. Sio and Ormerod, “Does Incubation Enhance Problem Solving?”
14. Dijksterhuis and Meurs, “Where Creativity Resides.”

第 2 章　迄今为止你的成功故事

1. O'Keefe, Dweck, and Walton, "Implicit Theories of Interest."
2. McGonigal, "How to Make Stress Your Friend."
3. Epstein, *Range.*

第 3 章　如何摆脱日常琐事

1. Dyer, Gregersen, and Christensen, "The Innovator's DNA."
2. Stavrova, Pronk, and Kokkoris, "Choosing Goals That Express the True Self."
3. Hayes, Strosahl, and Wilson, *Acceptance and Commitment Therapy*.
4. Johnson, *Where Good Ideas Come From.*
5. Epstein, "Piano Tuners and the News in Beirut."
6. Horton, "Is Creativity the Enemy of Productivity?"
7. Markman and Jack, "Why Losing a Job Deserves Its Own Grieving Process."

第 4 章　如何保持成长心态

1. Dweck, "What Having a Growth Mindset Actually Means."
2. Galla and Duckworth, "More Than Resisting Temptation."
3. Wright et al., "Time of Day Effects on the Incidence of Anesthetic Adverse Events."
4. Danziger, Levav, and Avnaim-Pesso, "Extraneous Factors in Judicial Decisions."
5. Bariso, "Jeff Bezos Schedules His Most Important Meetings at 10 a.m. Here's Why You Should Too."
6. Glei, "Productivity Shame."
7. Harris, "Making and Breaking Habits, Sanely | Kelly McGonigal."
8. Boyes, "5 Ways Smart People Sabotage Their Success."
9. Gortner, Rude, and Pennebaker, "Benefits of Expressive Writing in Lowering Rumination and Depressive Symptoms"; Spera, Buhrfeind, and Pennebaker, "Expressive Writing and Coping with Job Loss."

10. Germer and Neff, "Self-Compassion in Clinical Practice."
11. Boyes, "Be Kinder to Yourself."
12. Carmichael, "Why 'Network More' Is Bad Advice for Women."
13. Kleon, "Doing the Work That's in Front of You."
14. Rubin, "11 Happiness Paradoxes to Contemplate as You Think About Your Happiness Project."
15. Kashdanet al., "Personalized Psychological Flexibility Index."
16. Kashdanet al., "Curiosity Has Comprehensive Benefits in the Workplace."
17. Kashdan et al., "Understanding Psychological Flexibility."
18. Tamir, "Don't Worry, Be Happy?"; Tamir and Ford, "Choosing to Be Afraid."
19. Kaufman, "The Emotions That Make Us More Creative."
20. Ceci and Kumar, "A Correlational Study of Creativity, Happiness, Motivation, and Stress from Creative Pursuits."
21. Fong, "The Effects of Emotional Ambivalence on Creativity."
22. Kaufman, "Opening Up Openness to Experience."
23. Boyes, "Don't Let Perfection Be the Enemy of Productivity."

第 5 章　如何成为了解自己的科学家

1. Clark, "Why So Many Users of Fitness Trackers Give Up After a Few Months."
2. Newport, *Deep Work.*
3. Rock, Grant, and Grey, "Diverse Teams Feel Less Comfortable—and That's Why They Perform Better."
4. Oaten and Cheng, "Longitudinal Gains in Self-Regulation from Regular Physical Exercise."
5. Fogg, "Start Tiny."
6. Larcom, Rauch, and Willems, "The Benefits of Forced Experimentation."
7. Atchley, Strayer, and Atchley, "Creativity in the Wild."
8. Seppälä,"How Senior Executives Find Time to Be Creative."

第二部分　效率与习惯系统

1. Burkeman, "Why Time Management Is Ruining Our Lives"; Glei, "Oliver Burkeman."
2. Boyes, "5 Tips to Encourage Independent Play."
3. Epstein, *Range.*
4. Gibson, "Quiet, Please."

第 6 章　建立可重复使用的有效流程

1. American Psychological Association, "Stress in America 2019."
2. Wikipedia, "Halo Effect."
3. Spann, "Are Your Money Beliefs Holding You Back?"
4. Hill and Jackson, "The Invest-and-Accrue Model of Conscientiousness."
5. Clear, "Forget About Setting Goals. Focus on This Instead."
6. Grenny, "5 Tips for Safely Reopening Your Office."
7. Rubin and Craft, "Podcast 276."
8. *McKinsey Quarterly*, "Making Great Decisions."

第 7 章　优先级排序——驱动决策的隐藏心理学

1. Zhu, Bagchi, and Hock, "The Mere Deadline Effect."
2. Hargrove and Nietfeld, "The Impact of Metacognitive Instruction on Creative Problem Solving."
3. Boyes, "Don't Let Perfection Be the Enemy of Productivity."
4. Allen, *Getting Things Done.*
5. Gillihan, *The CBT Deck*; Winch, *Emotional First Aid.*
6. Kashdan, "5 Tips to Becoming a Killer Scientist Who Changes the World."
7. Kaufman and Gregoire, *Wired to Create.*
8. Christian and Griffiths, *Algorithms to Live By.*

第 8 章　拖延症

1. Shin and Grant, "When Putting Work Off Pays Off."
2. Jarrett, "Why Procrastination Is About Managing Emotions, Not Time"; Lieberman, "Why You Procrastinate (It Has Nothing to Do with Self-Control)."
3. Boyes, "6 Common Causes of Procrastination."
4. Ramsay, "Procrastivity (a.k.a. Sneaky Avoidance) and Adult ADHD Coping."
5. Boyes, "How to Recognize Anxiety-Induced Procrastination."
6. David, *Emotional Agility*.
7. Zandan, "How to Stop Saying 'Um,' 'Ah,' and 'You Know.' "
8. Wikipedia, "Minimum Viable Product."
9. Vadrevu, "What the Hell Does 'Minimum Viable Product' Actually Mean Anyway?"
10. Boyes, "5 Things to Do When You Feel Overwhelmed by Your Workload."
11. Harris, *The Happiness Trap*.
12. Boyes, "How to Get Through an Extremely Busy Time at Work."
13. Boyes, "7 Strategies for Conquering Procrastination and Avoidance."

第 9 章　定制生产力解决方案，突破抗拒改变的心理阻力

1. Winch, "How to Turn Off Work Thoughts During Your Free Time."
2. Horton, "Is Creativity the Enemy of Productivity?"
3. Ritter et al., "Diversifying Experiences Enhance Cognitive Flexibility."
4. Gilbert, Anderson, and Walters, "It's OK to Feel Overwhelmed."
5. Brownlee, "Tesla Factory Tour with Elon Musk."
6. Michalko,"Turn Your Assumptions Upside Down."
7. Ferriss, "17 Questions That Changed My Life."
8. Kelley and Kelley, *Creative Confidence*.
9. Prochaska, DiClemente, and Norcross, "In Search of How People Change."

第 10 章　从重复性的计算机任务中解放出来

1. Boyes, "Don't Let Perfection Be the Enemy of Productivity."
2. Cain and Rogers, "A Look at the Demanding Schedule of Elon Musk, Who Plans His Day in 5-Minute Slots, Constantly Multitasks, and Avoids Phone Calls."
3. Newport, "Here's a No Gimmicks, No Nonsense, No-BS Approach to Producing Elite Work"

第三部分　如何更具创造力和远见

1. Carson, *Your Creative Brain*.
2. Dyer and Gregersen, "Learn How to Think Different(ly)."
3. Dyer and Gregersen, "Learn How to Think Different(ly)."
4. Lucus and Nordgren, "People Underestimate the Value of Persistence for Creative Performance."
5. Gino and Ariely, "The Dark Side of Creativity."

第 11 章　漏洞与变通

1. Gino and Ariely, "The Dark Side of Creativity."
2. Kestenbaum and Benincasa, "How Frequent Fliers Exploit a Government Program to Get Free Trips."
3. Art of Play, "History of the Nine Dot Problem."
4. Boyes, "5 Mindsets That Get in the Way of Creating Wealth."

第 12 章　新颖性

1. The BiggerPockets Podcast, "BiggerPockets Podcast 368."
2. Yi, *100 Easy STEAM Activities*.
3. Boyes, "How to Stop Obsessing over Your Mistakes."
4. Authors@Google, "Emotional First Aid."
5. Lamott, *Bird by Bird*.

6. Vegan Bodegacat, "Eating What @Sweet Simple Vegan Tells Me to for a Day."
7. Humphries, "How Not to Choose Which Science Is Worth Funding."
8. Urban, "How to Name a Baby."

第 13 章　兴趣与创造力

1. Rubin and Craft, "Podcast 75."
2. Schellenberg and Bailis, "Can Passion Be Polyamorous?"
3. Root-Bernstein, Bernstein, and Garnier, "Correlations Between Avocations, Scientific Style, Work Habits, and Professional Impact of Scientists."
4. Kashdanet al., "Curiosity Has Comprehensive Benefits in the Workplace"; Von Stumm, Hell, and Chamorro-Premuzic, "The Hungry Mind."
5. Nutt, "Can't Focus?"
6. Root-Bernstein et al., "Correlation Between Tools for Thinking."
7. Kelley and Kelley, *Creative Confidence.*
8. The Behavioural Insights Team, "Publications."
9. Hancock, "Adding Years to Life and Life to Years."

第 14 章　做别人不准备做之事

1. Schkloven, "How North Las Vegas Is Streamlining Solar Projects."
2. Holiday, *The Obstacle Is the Way*.
3. Duggan, "How Aha! Really Happens."

第 15 章　如何像专家一样思考

1. Epstein, *Range*.
2. fs, "Mental Models."
3. Kashdanet al., "Multidimensional Workplace Curiosity Scale."
4. Clear, "I'm No Longer Writing Twice per Week. Here's Why."
5. Dunbar and Blanchette, "The In Vivo/In Vitro Approach to Cognition."
6. Rottman, Gentner, and Goldwater, "Causal Systems Categories."

7. Jamrozik and Gentner, "Relational Labeling Unlocks Inert Knowledge."
8. Weinberger et al., "Having a Creative Day."
9. Zomorodi, *Bored and Brilliant*.
10. Querstret and Cropley, "Exploring the Relationship Between Work-Related Rumination, Sleep Quality, and Work-Related Fatigue."

第 16 章　如何变得更加勇敢

1. Kashdan, "Is Diverse Thought Being Suppressed in the COVID-19 Crisis?"; Milliken, Bartel, and Kurtzberg, "Diversity and Creativity in Work Groups."

参考文献

Allen, David. *Getting Things Done: The Art of Stress-Free Productivity*. Penguin, 2003.

American Psychological Association. "Stress in America 2019." https://www.apa.org/news /press/releases/stress/2019/stress-america-2019.pdf.

Art of Play. "History of the Nine Dot Problem." August 2, 2016. https://www.artofplay.com /blogs/articles/history-of-the-nine-dot-problem.

Atchley, Ruth Ann, David L. Strayer, and Paul Atchley. "Creativity in the Wild: Improving Creative Reasoning Through Immersion in Natural Settings." *PLoS One* 7, no. 12 (2012): e51474 .

Authors@Google. "Emotional First Aid: Guy Winch." YouTube video, 43:08. August 16, 2013. https://www.youtube.com/watch?v=vBqoA1V6Fgg.

Bariso, Justin. "Jeff Bezos Schedules His Most Important Meetings at 10 a.m. Here's Why You Should Too." *Inc.* https://www.inc.com/justin-bariso/jeff-bezos-schedules-his-most -important-meetings-before-lunch-heres-why-you-should-too.html.

Behavioural Insights Team, The. "Publications." https://www.bi.team/our-work/publications/.

BiggerPockets Podcast, The. "*BiggerPockets Podcast* 368: $3,500 Per Month from One BRRRR Deal with Palak Shah." Podcast audio, February 6, 2020. https://www.biggerpockets.com /blog/biggerpockets-podcast-368-palak-shah.

Boyes, Alice. *The Anxiety Toolkit: Strategies for Fine-Tuning Your Mind and Moving Past Your Stuck Points*. TarcherPerigee, 2015.

———. "Be Kinder to Yourself." *Harvard Business Review*, January 12,

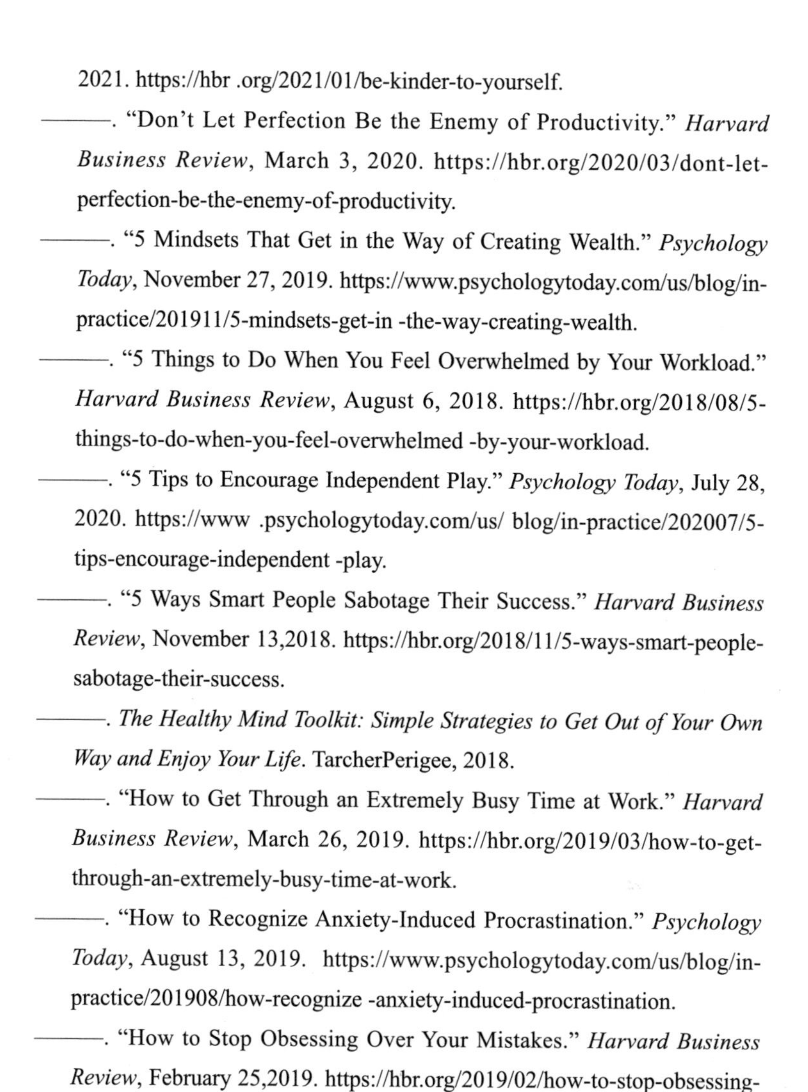

2021. https://hbr .org/2021/01/be-kinder-to-yourself.

———. "Don't Let Perfection Be the Enemy of Productivity." *Harvard Business Review*, March 3, 2020. https://hbr.org/2020/03/dont-let-perfection-be-the-enemy-of-productivity.

———. "5 Mindsets That Get in the Way of Creating Wealth." *Psychology Today*, November 27, 2019. https://www.psychologytoday.com/us/blog/in-practice/201911/5-mindsets-get-in -the-way-creating-wealth.

———. "5 Things to Do When You Feel Overwhelmed by Your Workload." *Harvard Business Review*, August 6, 2018. https://hbr.org/2018/08/5-things-to-do-when-you-feel-overwhelmed -by-your-workload.

———. "5 Tips to Encourage Independent Play." *Psychology Today*, July 28, 2020. https://www .psychologytoday.com/us/ blog/in-practice/202007/5-tips-encourage-independent -play.

———. "5 Ways Smart People Sabotage Their Success." *Harvard Business Review*, November 13,2018. https://hbr.org/2018/11/5-ways-smart-people-sabotage-their-success.

———. *The Healthy Mind Toolkit: Simple Strategies to Get Out of Your Own Way and Enjoy Your Life*. TarcherPerigee, 2018.

———. "How to Get Through an Extremely Busy Time at Work." *Harvard Business Review*, March 26, 2019. https://hbr.org/2019/03/how-to-get-through-an-extremely-busy-time-at-work.

———. "How to Recognize Anxiety-Induced Procrastination." *Psychology Today*, August 13, 2019. https://www.psychologytoday.com/us/blog/in-practice/201908/how-recognize -anxiety-induced-procrastination.

———. "How to Stop Obsessing Over Your Mistakes." *Harvard Business Review*, February 25,2019. https://hbr.org/2019/02/how-to-stop-obsessing-over-your-mistakes.

———. "7 Strategies for Conquering Procrastination and Avoidance." *Fast Company*, May 2, 2018. https://www.fastcompany.com/40564662/7-strategies-for-conquering-procrastination -and-avoidance.

———. "6 Common Causes of Procrastination." *Psychology Today*,

October 15, 2019. https:// www.psychologytoday.com/us/ blog/in-practice/201910/6-common-causes -procrastination.

Brownlee, Marques. "Tesla Factory Tour with Elon Musk!" YouTube video, 15:19. August 20,2018. https://www.youtube.com/watch?v=mr9kK0_7x08.

Burkeman, Oliver. "Why Time Management Is Ruining Our Lives." *The Guardian*, December 22, 2016. https://www.theguardian.com/technology/2016/dec/22/why-time-management-is -ruining-our-lives.

Cain, Áine, and Taylor Nicole Rogers. "A Look at the Demanding Schedule of Elon Musk, Who Plans His Day in 5-Minute Slots, Constantly Multitasks, and Avoids Phone Calls." *Business Insider*, February 24, 2020. https://www.businessinsider.com/elon-musk-daily -schedule-2017-6.

Carmichael, Sarah Green. "Why 'Network More' Is Bad Advice for Women." *Harvard Business Review*, February 26, 2015. https://hbr.org/2015/02/why-network-more-is-bad-advice -for-women.

Carson, Shelley. *Your Creative Brain: Seven Steps to Maximize Imagination, Productivity, and Innovation in Your Life*. Jossey-Bass, 2010.

Ceci, Michael W., and V. K. Kumar. "A Correlational Study of Creativity, Happiness, Motivation, and Stress from Creative Pursuits."*Journal of Happiness Studies* 17, no. 2 (2016): 609–626.

Chess, Stella, Aubrey Thomas, and Herbert G. Birch. *Your Child Is a Person: A Psychological Approach to Childhood Without Guilt*. Viking Press, 1965.

Christian, Brian, and Tom Griffiths. *Algorithms to Live By: The Computer Science of Human Decisions*. Henry Holt, 2016.

Clark, Alice. "Why So Many Users of Fitness Trackers Give Up After a Few Months." *Sydney Morning Herald*, October 15, 2018. https://www.smh.com.au/technology/why-so-many -users-of-fitness-trackers-give-up-after-a-few-months-20181015-p509ou.html.

Clear, James. "Forget About Setting Goals. Focus on This Instead." https://jamesclear.com /goals-systems.

———. "I'm No Longer Writing Twice per Week. Here's Why." https://jamesclear.com/once -per-week.

———. "This Coach Improved Every Tiny Thing by 1 Percent and Here's What Happened." https://jamesclear.com/marginal-gains.

Daisley, Bruce. "Don't Let Your Obsession with Productivity Kill Your Creativity." *Harvard Business Review*, March 10, 2020. https://hbr.org/2020/03/dont-let-your-obsession-with -productivity-kill-your-creativity.

Danziger, Shai, Jonathan Levav, and Liora Avnaim-Pesso. "Extraneous Factors in Judicial Decisions." *Proceedings of the National Academy of Sciences of the USA* 108, no. 17 (2011): 6889–92.

David, Susan. *Emotional Agility: Get Unstuck, Embrace Change, and Thrive in Work and Life.* Avery, 2016.

Dijksterhuis, Ap, and Teun Meurs. "Where Creativity Resides: The Generative Power of Uncon- scious Thought." *Consciousness and Cognition* 15, no. 1 (2006): 135–46.

Duggan, William. "How Aha! Really Happens." *Strategy+Business*, November 23, 2010. https://www.strategy-business.com/article/10405?gko=06d13.

Dunbar, Kevin, and Isabelle Blanchette. "The In Vivo/In Vitro Approach to Cognition: The Case of Analogy." *Trends in Cognitive Sciences* 5, no. 8 (2001): 334–39.

Dweck, Carol. "What Having a Growth Mindset Actually Means." *Harvard Business Review*, January 13, 2016. https://hbr.org/2016/01/what-having-a-growth-mindset-actually-means.

Dyer, Jeffrey H., Hal Gregersen, and Clayton M. Christensen. "The Innovator'sDNA." *Harvard Business Review*, December 2009. https://hbr.org/2009/12/the-innovators-dna.

Dyer, Jeff, and Hal Gregersen. "Learn How to Think Different(ly)." *Harvard Business Review*, September 27, 2011. https://hbr.org/2011/09/begin-to-think-differently.

Epstein, David. *Range: Why Generalists Triumph in a Specialized World.* Riverhead Books, 2021.

———. "Piano Tuners and the News in Beirut." *The Range Report* (blog), August 11, 2020. https:// davidepstein.com/piano-tuners-and-the-news-in-beirut/.

Ferriss, Tim. "17 Questions That Changed My Life." *Tim Ferris* (blog). https:// tim.blog/wp -content/uploads/2020/01/17-Questions-That-Changed-My-Life.pdf.

Fogg, B.J. "Start Tiny." Tiny Habits. https://tinyhabits.com/start-tiny/.

Fong, Christina Ting. "The Effects of Emotional Ambivalence on Creativity." *Academy of Management Journal* 49, no. 5 (2006): 1016–30.

France, Lisa Respers. "Kim Kardashian West Fangirls Over 'Bridgerton's' Featheringtons Being Inspired by Her Family." CNN Entertainment, April 21, 2021. https://www.cnn.com/2021 /04/21/entertainment/kim-kardashian-bridgerton-featheringtons-trnd/index.html.

fs. "Mental Models: The Best Way to Make Intelligent Decisions (~100 Models Explained)." https://fs.blog/mental-models/.

Galla, Brian M., and AngelaL. Duckworth. "More Than Resisting Temptation: Beneficial Habits Mediate the Relationship Between Self-Control and Positive Life Outcomes." *Journal of Personality and Social Psychology* 109, no. 3 (2015): 508–525.

Germer, Christopher K., and Kristin D. Neff. "Self-Compassion in Clinical Practice."*Journal of Clinical Psychology* 69, no. 8 (2013): 856–67.

Gibson, Lydialyle. "Quiet, Please: Susan Cain Foments the 'Quiet Revolution.'" *Harvard Magazine*, March–April 2017.

Gilbert, Elizabeth, Chris Anderson, and Helen Walters. "It's OK to Feel Overwhelmed. Here's What to Do Next." TED Connects video, 101:43. April 2, 2020. https://www.ted.com/talks /elizabeth_gilbert_it_s_ok_to_feel_overwhelmed_here_s_what_to_do_next/.

Gillihan, Seth J. *The CBT Deck: 101 Practices to Improve Thoughts, Be in the Moment, & Take Action in Your Life*. PESI Publishing, 2019.

Gino, Francesca, and Dan Ariely. "The Dark Side of Creativity: Original Thinkers Can Be More Dishonest."*Journal of Personality and Social Psychology* 102, no. 3 (2012): 445–59.

Glei, Jocelyn K. "Oliver Burkeman: Against Time Management." *Hurry Slowly*. Podcast audio, January 30, 2018. https://hurryslowly.co/015-oliver-burkeman/.

———. "Productivity Shame." *Hurry Slowly*. Podcast audio, May 14, 2019. https://hurryslowly .co/216-jocelyn-k-glei.

Gortner, Eva-Maria, Stephanie S. Rude, and James W. Pennebaker. "Benefits of Expressive Writing in Lowering Rumination and Depressive Symptoms." *Behavior Therapy* 37, no. 3 (2006): 292–303.

Grenny, Joseph. "5 Tips for Safely Reopening Your Office." *Harvard Business Review*, May 20,2020. https://hbr.org/2020/05/5-tips-for-safely-reopening-your-office.

Hagmann, David, Emily H. Ho, and George Loewenstein. "Nudging Out Support for a Carbon Tax." *Nature Climate Change* 9, no. 6 (2019): 484–89.

Hancock, Matt. "Adding Years to Life and Life to Years: Our Plan to Increase Healthy Longevity." Speech, London, UK, February 12, 2020. GOV.UK. https://www.gov.uk/government /speeches/adding-years-to-life-and-life-to-years-our-plan-to-increase-healthy-longevity.

Hargrove, Ryan A., and John L. Nietfeld. "The Impact of Metacognitive Instruction on Creative Problem Solving."*Journal of Experimental Education* 83, no. 3 (2015): 291–318.

Harris, Dan. "Making and Breaking Habits, Sanely | Kelly McGonigal." *Ten Percent Happier with Dan Harris*. Podcast audio, December 26, 2019. https://podcasts.apple.com/us/podcast /219-making-and-breaking-habits-sanely-kelly-mcgonigal/id1087147821?i=1000460 795293.

Harris, Russ. *The Happiness Trap: How to Stop Struggling and Start Living*. Trumpeter, 2008.

Hayes, Steven C., Kirk D. Strosahl, and Kelly G. Wilson. *Acceptance and*

Commitment Therapy: The Process and Practice of Mindful Change. Guilford Press, 2011.

Healy, Melissa. “The Surprising Thing the Marshmallow Test Reveals About Kids in an Instant- Gratification World.” *Los Angeles Times*, June 26, 2018.

Hill, Patrick L., and Joshua J. Jackson. “The Invest-and-Accrue Model of Conscientiousness.” *Review of General Psychology* 20, no. 2 (2016): 141–54.

Holiday, Ryan. *The Obstacle Is the Way: The Timeless Art of Turning Trials into Triumph*. Portfolio, 2014.

Horton, Anisa Purbasari. “Is Creativity the Enemy of Productivity?” Secrets of the Most Pro- ductive People, Fast Company. Podcast audio, March 27, 2019. https://www.fastcompany .com/90325414/ithe-relationship-between-creativity-and-productivity.

Humphries, Mark. “How Not to Choose Which Science Is Worth Funding.” *The Spike* (blog), May 9, 2017. https://medium.com/the-spike/how-not-to-choose-which-science-is-worth -funding-c6b4605ce8f1.

Jamrozik, Anja, and Dedre Gentner. “Relational Labeling Unlocks Inert Knowledge.” *Cognition* 196 (2020): 104146.

Jarrett, Christian. “Why Procrastination Is About Managing Emotions, Not Time.” BBC Worklife, January 23, 2020. https://www.bbc.com/worklife/article/20200121-why-procrastination -is-about-managing-emotions-not-time.

Johnson, Steven. *Where Good Ideas Come From: The Natural History of Innovation*. Riverhead, 2011.

Kashdan, Todd B. “5 Tips to Becoming a Killer Scientist Who Changes the World.” *Psychology Today*, December 5, 2012. https://www.psychologytoday.com/us/blog/curious/201212/5-tips -becoming-killer-scientist-who-changes-the-world.

———. “Is Diverse Thought Being Suppressed in the COVID-19 Crisis?” *Psychology Today*, March 22 , 2020. https://www.psychologytoday.

com/us/ blog/curious/202003/is-diverse -thought-being-suppressed-in-the-covid-19-crisis.

———. "Multidimensional Workplace Curiosity Scale." https://toddkashdan.com/wp-content /uploads/2021/02/Workplace-Curiosity-M-WCS-measure-Kashdan-et-al.docx.

———. "Personalized Psychological Flexibility Index." https://toddkashdan.com/wp-content /uploads/2020/07/Personalized-PF-Index.docx.

Kashdan, Todd B., David J. Disabato, Fallon R. Goodman, James D. Doorley, and Patrick E. McKnight. "Understanding Psychological Flexibility: A Multimethod Exploration of Pursuing Valued Goals Despite the Presence of Distress." *Psychological Assessment* 32, no. 9 (2020): 829–50.

Kashdan, Todd B., Fallon R. Goodman, David J. Disabato, Patrick E. McKnight, Kerry Kelso, and Carl Naughton. "Curiosity Has Comprehensive Benefits in the Workplace: Developing and Validating a Multidimensional Workplace Curiosity Scale in United States and German Employees." *Personality and Individual Differences* 155 (2020): 109717.

Kaufman, Scott B. "Opening Up Openness to Experience: A Four-Factor Model and Relations to Creative Achievement in the Arts and Sciences." *Journal of Creative Behavior* 47, no. 4 (2013): 233–55.

———. "The Emotions That Make Us More Creative." *Harvard Business Review*, August 12, 2015. https://hbr.org/2015/08/the-emotions-that-make-us-more-creative.

Kaufman, Scott B., and Carolyn Gregoire. *Wired to Create: Unraveling the Mysteries of the Creative Mind.* TarcherPerigee, 2015.

Kelley, Tom, and David Kelley. *Creative Confidence: Unleashing the Creative Potential Within Us All*. Currency, 2013.

Kestenbaum, David, and Robert Benincasa. "How Frequent Fliers Exploit a Government Program to Get Free Trips." NPR, July 13, 2011. https://www.npr.org/sections/money/2011/07/13 /137795995/how-frequent-fliers-exploit-a-government-program-to-get-free-trips.

Kleon, Austin. "Doing the Work That's in Front of You." *Austin Kleon* (blog),

June 16, 2020. https://austinkleon.com/2020/06/16/doing-the-work-thats-in-front-of-you/.

Lamott, Anne. *Bird by Bird: Some Instructions on Writing and Life*. Anchor, 1995.

Larcom, Shaun, Ferdinand Rauch, and Tim Willems. "The Benefits of Forced Experimentation: Striking Evidence from the London Underground Network."*Quarterly Journal of Economics* 132, no. 4 (2017): 2019–55.

Lieberman, Charlotte. "Why You Procrastinate (It Has Nothing to Do with Self-Control)." Smarter Living, *New York Times*, March 25, 2019. https://www.nytimes.com/2019/03/25 /smarter-living/why-you-procrastinate-it-has-nothing-to-do-with-self-control.html.

Lu, JacksonG., ModupeAkinola, and Malia F. Mason. "Switching on Creativity: Task Switching Can Increase Creativity by Reducing Cognitive Fixation." *Organizational Behavior and Human Decision Processes* 139 (2017): 63–75.

Lucas, Brian J., and Loran F. Nordgren. "People Underestimate the Value of Persistence for Creative Performance." *Journal of Personality and Social Psychology* 109, no. 2 (2015): 232–43.

Mankins, Michael. "Great Companies Obsess over Productivity, Not Efficiency." *Harvard Business Review*, March 1, 2017. https://hbr.org/2017/03/great-companies-obsess-over -productivity-not-efficiency.

Markman, Art, and Michelle Jack. "Why Losing a Job Deserves Its Own Grieving Process." Fast Company, April 8, 2020. https://www.fastcompany.com/90487012/why-a-losing-a-job -deserves-its-own-grieving-process.

Martin, Roger L. "The High Price of Efficiency." *Harvard Business Review* (January–February 2019). https://hbr.org/2019/01/the-high-price-of-efficiency.

McGonigal, Kelly. "How to Make Stress Your Friend." Filmed June 2013 in Edinburgh, Scotland. TED video, 14:16. https://www.ted.com/talks/kelly_mcgonigal_how_to_make_stress _your_friend.

McKinsey Quarterly. "Making Great Decisions." April 1, 2013. https://www.mckinsey.com /business-functions/strategy-and-corporate-finance/our-insights/making-great-decisions.

Michalko, Michael. "Turn Your Assumptions Upside Down." The Creativity Post, September 16, 2012. https://www.creativitypost.com/article/turn_your_assumptions_upside_down.

Milliken, Frances J., Caroline A. Bartel, and Terri R. Kurtzberg. "Diversity and Creativity in Work Groups: A Dynamic Perspective on the Affective and Cognitive Processes That Link Diversity and Performance." In *Group Creativity: Innovation Through Collaboration*, eds. Paul B. Paulus and Bernard A. Nijstad. Oxford University Press, 2003, 32–62.

Newport, Cal. *Deep Work: Rules for Focused Success in a Distracted World.* Grand Central Publishing, 2016.

———. "Here's a No Gimmicks, No Nonsense, No-BS Approach to Producing Elite Work." *Observer*, January 7, 2016. https://observer.com/2016/01/heres-a-no-gimmicks-no-nonsense -no-bs-approach-to-producing-elite-work/.

Nutt, Amy Ellis. "Can't Focus? Maybe You're aCreative Genius." *Washington Post*, March 4, 2015. https://www.washingtonpost.com/news/speaking-of-science/wp/2015/03/04/cant-focus -maybe-youre-a-creative-genius/.

Oaten, Megan, and Ken Cheng. "Longitudinal Gains in Self-Regulation from Regular Physical Exercise." *British Journal of Health Psychology* 11, no. 4 (2006): 717–33.

O'Keefe, PaulA., CarolS. Dweck, and Gregory M. Walton. "Implicit Theories of Interest: Finding Your Passion or Developing It?" *Psychological Science* 29, no. 10 (2018): 1653–64.

Prochaska,James O., Carlo C. DiClemente, and John C. Norcross. "In Search of How People Change: Applications to Addictive Behaviors." *American Psychologist* 47, no. 9 (1992): 1102–114.

Querstret, Dawn, and Mark Cropley. "Exploring the Relationship Between Work-Related Rumination, Sleep Quality, and Work-Related

Fatigue."*Journal of Occupational Health Psychology* 17, no. 3 (2012): 341–53.

Ramsay, Russell. "Procrastivity (a.k.a. Sneaky Avoidance) and Adult ADHD Coping." *Psychology Today*, July 16, 2020. https://www.psychologytoday.com/us/blog/rethinking-adult-adhd /202007/procrastivity-aka-sneaky-avoidance-and-adult-adhd-coping.

Read, Stuart, and Saras D. Sarasvathy. "Knowing What to Do and Doing What You Know: Effectuationas a Form of Entrepreneurial Expertise."*Journal of Private Equity* 9, no. 1 (2005): 45–62.

Ritter, Simone M., et al. "Diversifying Experiences Enhance Cognitive Flexibility." *Journal of Experimental Social Psychology* 48, no. 4 (2012): 961–64.

Rock, David, Heidi Grant, and Jacqui Grey. "Diverse Teams Feel Less Comfortable—and That's Why They Perform Better." *Harvard Business Review*, September 22, 2016. https://hbr.org /2016/09/diverse-teams-feel-less-comfortable-and-thats-why-they-perform-better.

Root-Bernstein, Robert S., Maurine Bernstein, and Helen Garnier. "Correlations Between Avocations, Scientific Style, Work Habits, and Professional Impact of Scientists." *Creativity Research Journal* 8, no. 2 (1995): 115–37.

Root-Bernstein, Robert, Megan Van Dyke, Amber Peruski, and Michele Root-Bernstein. "Correlation Between Tools for Thinking; Arts, Crafts, and Design Avocations; and Scientific Achievement Among STEMM Professionals." *Proceedings of the National Academy of Sciences of the USA* 116, no. 6 (2019): 1910–17.

Rottman, Benjamin M., Dedre Gentner, and Micah B. Goldwater. "Causal Systems Categories: Differences in Novice and Expert Categorization of Causal Phenomena." *Cognitive Science* 36, no. 5 (2012): 919–32

Rubin, Gretchen. "11 Happiness Paradoxes to Contemplate as You Think About Your Happiness Project." *Happier* (blog), March 23, 2011. https://gretchenrubin.com/2011/03/11-happiness -paradoxes-to-contemplate-asyou-think-about-your-happiness-project/.

Rubin, Gretchen, and Elizabeth Craft. "Podcast 75: Develop a Minor Expertise, a Deep Dive into Signature Color, and How Do You Help a Rebel Sweetheart to Get a New Job?" *Happier*. Podcast audio, July 27, 2016. https://gretchenrubin.com/podcast-episode/podcast-75.

———. "Podcast 276: Design Your Summer, Solutions to Create Sibling Harmony, and How Cornstarch Can Enliven a Boring Afternoon." *Happier*. Podcast audio, June 3, 2020. https:// gretchenrubin.com/podcast-episode/276-design-your-summer-2020.

Sarasvathy, Saras D. "Causation and Effectuation: Toward a Theoretical Shift from Economic Inevitability to Entrepreneurial Contingency." *Academy of Management Review* 26, no. 2 (2001): 243–63.

Schellenberg, Benjamin J. I., and Daniel S. Bailis. "Can Passion Be Polyamorous? The Impact of Having Multiple Passions on Subjective Well-Being and Momentary Emotions."*Journal of Happiness Studies* 16, no. 6 (2015): 1365–81.

Schkloven, Emma. "How North Las Vegas Is Streamlining Solar Projects." *Las Vegas Sun*, December 27, 2018. https://lasvegassun.com/news/2018/dec/27/program-speeds-solar -projects-in-north-las-vegas/.

Seppälä, Emma. "How Senior Executives Find Time to Be Creative." *Harvard Business Review*, September 14, 2016. https://hbr.org/2016/09/how-senior-executives-find-time-to-be -creative.

Shin, Jihae, and Adam M. Grant. "When Putting Work Off Pays Off: The Curvilinear Rela- tionship Between Procrastination and Creativity." *Academy of Management Journal,* April 23, 2020. doi: 10.5465/amj/2018.1471.

Sio, Ut Na, and Thomas C. Ormerod. "Does Incubation Enhance Problem Solving? A Meta- Analytic Review." *Psychological Bulletin* 135, no. 1 (2009): 94–120.

Spann, Scott. "Are Your Money Beliefs Holding You Back?" *Forbes*, January 14, 2018. https://www.forbes.com/sites/financialfinesse/2018/01/14/areyour-money-beliefs-holding -you-back/#4a831 cef79bd.

Spera, Stefanie P., Eric D. Buhrfeind, and James W. Pennebaker. "Expressive Writing and Coping with Job Loss." *Academy of Management Journal* 37, no. 3 (1994): 722–33.

Stavrova, Olga, Tila Pronk, and Michail D. Kokkoris. "Choosing Goals That Express the True Self: A Novel Mechanism of the Effect of Self-Control on Goal Attainment." *European Journal of Social Psychology* 49, no. 6 (2019): 1329–36.

Tamir, Maya. "Don't Worry, Be Happy? Neuroticism, Trait-Consistent Affect Regulation, and Performance."*Journal of Personality and Social Psychology* 89, no. 3 (2005): 449–61.

Tamir, Maya, and Brett Q. Ford. "Choosing to Be Afraid: Preferences for Fear as a Function of Goal Pursuit." *Emotion* 9, no. 4 (2009): 488–97.

Urban, Tim. "How to Name a Baby." Wait But Why, December 11, 2013. https://waitbutwhy .com/2013/12/how-to-name-baby.html.

Vadrevu, Ravi. "What the Hell Does 'Minimum Viable Product' Actually Mean Anyway?" *free Code Camp* (blog), April 14, 2017. https://www.freecodecamp.org/news/what-the -hell-does-minimum-viable-product-actually-mean-anyway-7d8f6a110f38/.

Vegan Bodegacat. "Eating What @Sweet Simple Vegan Tells Me to for a Day." YouTube video, 16:16. September 14, 2020. https://www.youtube.com/watch?v=3Ty6WWI-pX8.

Von Stumm, Sophie, Benedikt Hell, and Tomas Chamorro-Premuzic. "The Hungry Mind: Intellectual Curiosity Is the Third Pillar of Academic Performance." *Perspectives on Psycho- logical Science* 6, no. 6 (2011): 574–88.

Weinberger, Eva, Dominika Wach, Ute Stephan, and Jürgen Wegge. "Having a Creative Day: Understanding Entrepreneurs' Daily Idea Generation Through a Recovery Lens."*Journal of Business Venturing* 33, no. 1 (2018): 1-19.

Wikipedia. "Halo Effect." Last modified April 19, 2021. https://en.wikipedia.

org/wiki/Halo _effect.

———. "Minimum Viable Product." Last modified April 4, 2021. https://en.wikipedia.org /wiki/Minimum_viable_product.

Winch, Guy. *Emotional First Aid: Healing Rejection, Guilt, Failure, and Other Everyday Hurts*. Avery, 2013.

———. "How to Turn Off Work Thoughts During Your Free Time." TED Salon: Brightline Initiative video, 12:17. https://www.ted.com/talks/guy_winch_how_to_turn_off_work _thoughts_during_your_free_time/transcript.

Wood, Wendy. *Good Habits, Bad Habits: The Science of Making Positive Changes That Stick*. Pan Macmillan, 2019.

Wright, Melanie Clay, et al. "Time of Day Effects on the Incidence of Anesthetic Adverse Events." *Quality & Safety in Health Care* 15, no. 4 (2006): 258–63.

Yi, Andrea Scalzo. *100 Easy STEAM Activities: Awesome Hands-on Projects for Aspiring Artists and Engineers*. Page Street Publishing, 2019.

Zandan, Noah. "How to Stop Saying 'Um,' 'Ah,' and 'You Know.'" *Harvard Business Review*, August 1, 2018. https://hbr.org/2018/08/how-to-stop-saying-um-ah-and-you-know.

Zhu, Meng, Rajesh Bagchi, and Stefan J. Hock. "The Mere Deadline Effect: Why More Time Might Sabotage Goal Pursuit."*Journal of Consumer Research* 45, no. 5 (2019): 1068–84.

Zomorodi, Manoush. *Bored and Brilliant: How Spacing Out Can Unlock Your Most Productive and Creative Self.* St. Martin's Press, 2017.